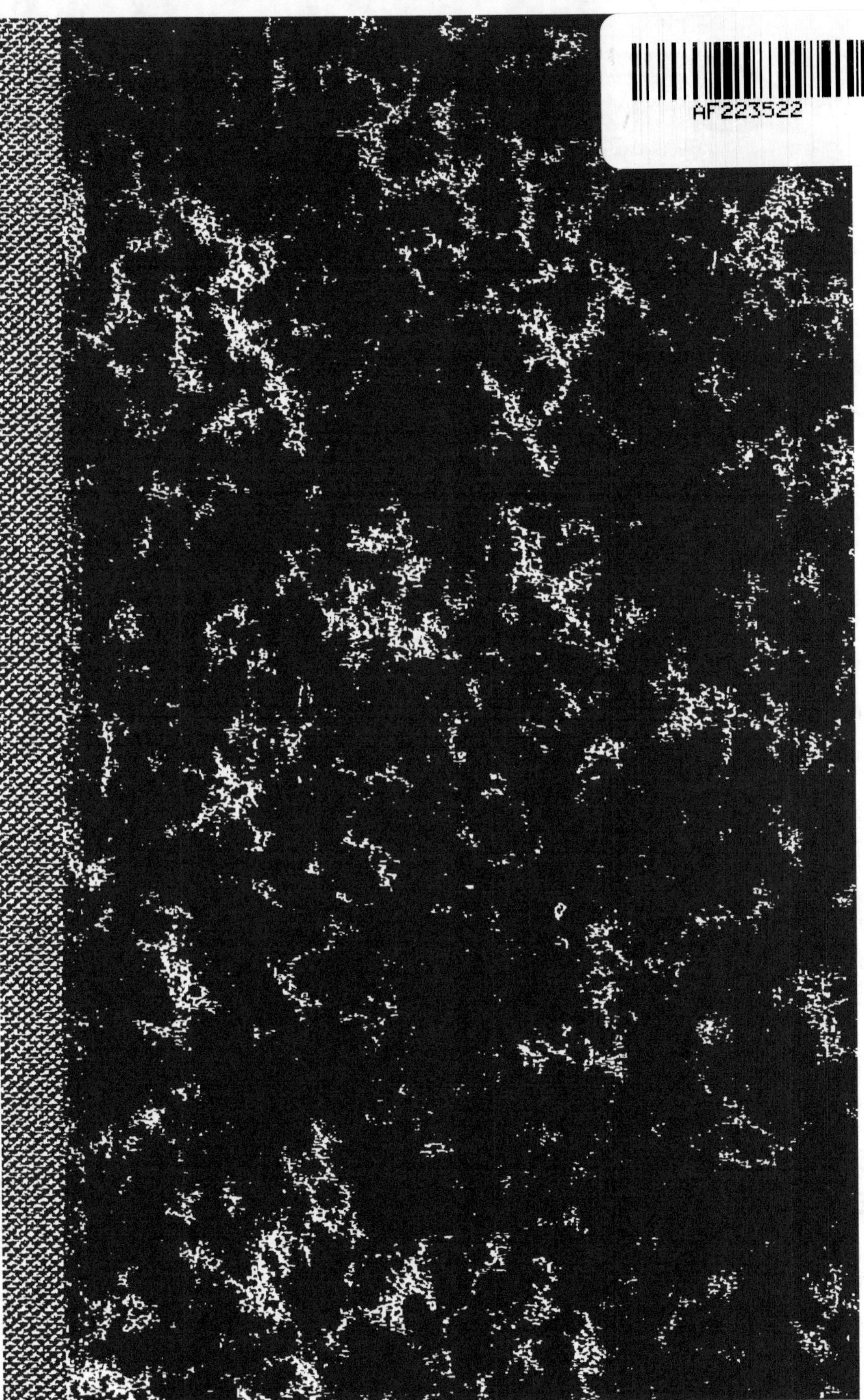

NOUVELLE ÉGLISE

DE

SAINTE-HUNÉGONDE

A HOMBLIÈRES.

NOUVELLE ÉGLISE

DE

SAINTE-HUNÉGONDE

A ÉRIGER A HOMBLIÈRES.

DISCOURS

ADRESSÉ A MESSIEURS LES MEMBRES DU CONSEIL MUNICIPAL
ET A MESSIEURS LES PLUS HAUTS IMPOSÉS
DE LA COMMUNE D'HOMBLIÈRES,
LE CONSEIL DE LA FABRIQUE PRÉSENT,
SUR LA QUESTION D'UNE NOUVELLE ÉGLISE
A ÉRIGER DANS LA PAROISSE,
EN L'HONNEUR DE SAINTE HUNÉGONDE, PATRONE DU PAYS;

PAR M. L'ABBÉ Quentin-Roland GRET,

Curé d'Homblières.

—

LE 15 AVRIL 1864.

SAINT-QUENTIN. — Typ. Jules MOUREAU, place de l'Hôtel-de-Ville, 7.

1864.

Messieurs,

Les communes, comme les nations, ont leurs destinées à remplir. Une nation va traverser des siècles, obscure et oubliée dans les annales de l'histoire; mais enfin, un siècle arrive qui la fait sortir de l'oubli, la couronne de gloire, et transmet son nom à la dernière postérité. Ainsi, une commune verra passer dans son sein des générations, ne laissant aucune trace glorieuse de leur passage; mais un jour, elle en voit une qui passe, en imprimant sur son sol le pied de la gloire et couronnant son front d'œuvres immortelles.

Or, Messieurs, cette génération privilégiée, c'est la vôtre. Déjà, elle a honoré le pays en balayant la poussière antique de sa Maison commune et élevant à la place un véritable monument.

Mais, à qui surtout appartient ici la plus grande part de gloire; sinon à vous, Messieurs, qui formez tout à la fois l'âme, le bras, le conseil et le pouvoir exécutif de la commune? En effet, quand une nation se couronne de gloire, chaque membre de la nation en prend sa part, c'est trop juste; mais cependant, à qui la voix commune renvoie-t-elle la plus grande somme d'honneur et de mérite? n'est-ce pas toujours, et avec raison, au chef de la nation elle-même et aux conseillers de la Couronne? De même, quand une commune fait une belle œuvre, chaque habitant a le droit de s'en glorifier; mais, l'honneur de la belle action est acquis, avant tout, au chef de la commune et au Conseil municipal. Gloire donc à tous, pour le tribut et la pierre de taille apportés par tous à cette belle maison! mais surtout, gloire à vous, Messieurs, qui, non-seulement avez bâti cette maison de vos deniers, comme tous les autres, mais qui en avez conçu l'heureuse idée et qui l'avez conduite à glorieuse fin! Belle prérogative, qui n'appartient qu'à vous! Car, n'êtes-vous pas ici, d'un côté, l'autorité portant la couronne, et, de l'autre, les députés, sénateurs et conseillers de la couronne elle-même, résidant sur la tête de l'honorable et si digne maire de la commune, Monsieur Cappon, que nous venons de perdre, hélas! au grand et universel regret du pays.

Mais, Messieurs, entrés que vous êtes dans la voie de l'honneur pour Homblières, en resteriez-vous à ce premier pas, et n'en feriez-vous pas un second vers une bien plus belle œuvre encore : l'œuvre, si nécessaire d'ailleurs, d'une nouvelle église?

Nouvelle église! question pleine d'honneur, sans doute, direz-vous; mais question aussi, grosse de difficultés! Est-il urgent de mettre ce lourd fardeau sur nos épaules? l'heure propice et favorable est-elle arrivée? ne vaudrait-il pas mieux attendre encore? et la prudence ne conseille-t-elle pas d'en renvoyer la gloire périlleuse à nos enfants, mieux placés que nous un jour peut-être, pour une si grande entreprise?

Messieurs, soyez-en persuadés, je ne suis pas venu au milieu de vous pour être un brandon de discorde, mais l'ange de la paix tout seul : mon caractère, mon expérience et mon passé; tout vous le certifie. Autant vous aimez la paix, autant je suis ennemi de la guerre. Ma santé toute seule, mon âge et mes infirmités, me font un devoir du calme et de la tranquillité. Je ne ferai que passer peut-être dans la paroisse; mais je veux que mon passage soit celui d'un curé pacifique et débonnaire, d'un vrai père en Jésus-Christ de toutes les familles. Je lirais dans l'avenir et je verrais le murmure tout seul de la postérité s'attacher à l'œuvre, si belle d'ailleurs, que j'ai l'honneur de venir vous proposer en ce moment, aussitôt je ne rougirais pas de revenir sur mes pas, laissant à d'autres, plus amis peut-être du combat, les risques et périls de la victoire.

Mais ici, Messieurs, je ne vois rien de nature à altérer la belle harmonie qui règne entre nous. Car, quelle est la raison de ma présence extraordinaire dans cette enceinte honorable? la proposition d'une nouvelle église. Or, proposer n'est pas imposer ; inviter, n'est pas forcer. Mon invitation donc ne peut être pour vous une offense, ni votre refus pour moi une injure.

Mais, que dis-je, votre refus? Ah! bien plutôt, Messieurs, laissez-moi dire, à votre louange, que j'attends de vous tous ici un consentement unanime. Quoi! vous refuseriez de vous couvrir d'une gloire immortelle, sans qu'il vous en coûtât rien, pour ainsi dire? Non jamais vous ne commettrez cette faute : votre sagesse, votre religion et votre générosité me défendent même de le supposer. Veuillez seulement parcourir avec moi toutes les raisons, du plus haut intérêt, qui militent en faveur de la question; et tous, j'en suis sûr à l'avance, vous vous écrierez avec moi : Vive donc alors la nouvelle église de sainte Hunégonde!

I.

STYLE ET DATE DE L'ÉGLISE ACTUELLE.

Quand j'examine sérieusement, Messieurs, le style et la figure de l'église actuelle d'Homblières, tout presque m'attriste et rien ne me réjouit. Si je lui demande son âge, sa date, son origine, le siècle de sa naissance, elle garde le silence sur tout, et tout chez elle porte à croire qu'elle a été bâtie de pièces et de morceaux, à mesure que la population grossissait autour d'elle. Ainsi, un chœur et une nef, c'est-à-dire le milieu si modeste et si humble de l'église; telle était l'église à sa naissance ! Et plus tard, le pays grandissant lui ajouta un premier bas-côté d'abord, et puis un second ; comme ferait un pauvre père de famille, accolant une pièce à droite et à gauche de sa cabanne, pour loger, tant bien que mal, les nombreux enfants qui lui arrivent. Aussi, ne demandez pas à une église faite ainsi sans ensemble, où sont donc son style, son goût, son harmonie? Peut-elle offrir à vos regards rien d'intéressant; quand, sans doute, le maçon du pays tout seul servait d'architecte et de sculpteur à l'édifice?

Et pourtant, voilà l'église d'Homblières! sans grandeur, sans noblesse, sans naissance. Quelques simples moulures par-ci, par-là; quelques colonnes arrondies, en face de piliers énormes et massifs, taillés dans l'épaisseur du mur : telle est toute sa richesse de style ! c'est-à-dire une grande misère, une grande nullité, qui frappe tout d'abord l'œil du pieux visiteur en entrant, et le fait soupirer de regret, pour ne pas dire de pitié, en sortant!

II.

PETITESSE DE L'ÉGLISE.

Si du moins, Messieurs, il m'était donné de pouvoir pardonner à toute cette pauvreté d'architecture en faveur de la grandeur convenable de l'église; je me consolerais encore assez facilement sur l'absence de l'art, du style, de la richesse et du ciseau du maître-sculpteur; car, enfin, une église de campagne peut aller sans toutes les beautés des églises de villes. Mais, une faute souverainement regrettable, au point de vue des intérêts religieux, c'est la petitesse de l'église, pas du tout en rapport avec la grandeur du pays.

Petitesse de l'église, dira-t-on! mais elle est encore trop grande, pour le nombre si petit des personnes qui la fréquentent. Trop grande, les dimanches; c'est une triste vérité que j'ai la douleur de constater moi-même et dont je suis loin de féliciter la paroisse; mais, ce n'est pas ici le lieu de se lamenter sur ce spectacle d'indifférence religieuse; spectacle, d'ailleurs, qui mouille de larmes amères les yeux de Dieu et de ses anges!

J'arrive droit au fond de la question et je dis : quel malheur, Messieurs, pour un pays, qu'une église pas en proportion avec le nombre de ses habitants! au lieu d'être pour tous l'arche du salut, ne devient-elle pas, malgré elle, la cause innocente et involontaire de la perdition générale presque de la paroisse?

En effet, Messieurs, à l'église, coulent, pour ainsi dire, toutes les sources de la vie éternelle : nécessaire donc à tous de la fréquenter, le dimanche surtout. Car, le dimanche, c'est le jour du Seigneur et point le nôtre; le jour du repos sacré et point du travail servile; le jour, enfin, qu'on doit sanctifier, avant tout, aux pieds des autels où s'offre de nouveau pour tous le grand sacrifice de la Croix.

Or, Messieurs, s'il est nécessaire à tous de fréquenter l'église, le dimanche surtout; nécessaire donc pour tous aussi une place à l'église :

sans quoi, le ministère du prêtre devient stérile, ses exhortations dérisoires, la religion du peuple nulle, et son malheur éternel, inévitable.

En effet, Messieurs, si, comme le pieux prophète Jérémie, j'ai la tristesse de voir les voies de Sion pleurer, de ce que personne presque ne vienne plus à ses solennités ; de voir que tant de chrétiens se damnent éternellement, peut-être, en abandonnant l'église de Dieu : dois-je en rester là, moi ! appelé et envoyé de Dieu dans la paroisse, pour sauver des âmes qui lui ont coûté si cher ? Mon devoir, comme le vif intérêt que je porte au bonheur de tous, n'est-il pas de prier et de conjurer tout le monde de ne pas perdre l'habitude du sentier fortuné qui conduit à l'église et d'assister exactement à la messe, tous les dimanches et fêtes d'obligation ; à moins de raisons tout à fait graves qui empêchent ?

Et cependant, quelle grâce à moi d'inviter tout le monde à fréquenter l'église ; quand je sais qu'un tiers du monde seulement peut trouver place à l'église ? et si j'ai le droit et le devoir de l'invitation auprès de tous mes paroissiens, sans distinction de sexe ou de classe, n'ont-ils pas, eux, le droit tout naturel du refus, en me disant : Quoi ! vous nous invitez à venir prendre place dans la Maison du Seigneur ; nous nous présentons, et les places manquent! Est-ce donc une dérision que vous faites de nous? ou bien, perdez-vous le bon sens? Voilà pourtant la fausse situation faite au curé par la petitesse de l'église! elle le met en flagrante contradiction avec son ministère. Son ministère lui dit: excitez tout le monde à venir à la messe, sans laquelle point de salut; et l'église trop étroite, de répondre: hélas! à quoi bon? pour laisser tout ce monde à la porte.

Et de là, Messieurs, calculez, si vous le pouvez, toutes les tristes conséquences, tous les fruits de mort pour la paroisse! de là, le peuple se refroidit insensiblement pour l'église; une partie vient seulement aux jours notables de l'année, une autre a fui pour toujours, ce semble : combien d'hommes, combien de femmes qu'on ne voit jamais à la messe! Ainsi, peu à peu, la foi s'éteint, la piété tombe, l'indifférence arrive, l'irréligion s'établit au cœur du peuple; et le peuple, chassant Dieu de son cœur, qu'y met-il à la place? son idole, avec toutes les passions dégradantes et parfois formidables qu'il adore!

Or, tel père, tel fils ordinairement, dit le proverbe. Le père donc manquant à la messe, faute de place d'abord et par suite faute de religion, n'y amène pas son fils, ni la mère sa fille. Voilà donc des enfants qui vont grandir sans foi, sans religion, sans Dieu; grandir dans l'absence de tous les principes qui font l'homme juste, le chrétien solide, le citoyen vertueux; et s'enraciner de jour en jour dans tous les vices et toutes les passions qui ravalent l'individu et font trembler la famille et la société! Quelle menace pour l'avenir, quel nuage gros de tempêtes à l'horizon, que ces jeunes générations formées à l'école toute seule de pères et mères, déserteurs obligés de l'église! Pétris de misères et de mauvais penchants naturels, que la crainte de Dieu n'aura pas détruits et que le mauvais exemple aura fortifiés; que seront-elles, un jour, que des hordes de sauvages peut-être, insultant tout, foulant tout aux pieds, et ne laissant sur leur passage que des traces de honte et d'ignominie, pour ne pas dire de sang et de carnage? Malheur terrible pour la religion, la famille et la société, et que l'église pourrait prévenir, si elle pouvait donner place à ces jeunes générations dans son enceinte, et les asseoir de bonne heure à l'école de Jésus-Christ, leur sauveur et leur Dieu, seul en possession de les rendre grandes, prospères et heureuses; seraient-elles comme Job, assises sur le fumier de l'épreuve! Quels regrets donc s'attachent à l'église d'Hombliéres, à peine assez grande pour contenir trois cents personnes, quand elle devrait en asseoir un mille sur ses bancs ! Cette raison toute seule ne dit-elle pas assez haut combien une autre église est nécessaire et indispensable, au point de vue religieux et social ? Et pourquoi faut-il que je sois encore obligé d'ajouter : au point de vue de la salubrité ?

III.

HUMIDITÉ DE L'ÉGLISE.

Certes ! Messieurs, vous devez le comprendre, je ne viens pas dire ici que toute église insalubre et humide doit disparaître pour cela même ; quand elle réunit, d'ailleurs, toutes les autres conditions d'une existence favorable ; à combien d'églises alors il faudrait faire le procès et combien qui seraient jugées coupables et dignes de condamnation ! Non, toute église de ce genre mérite conservation ; sauf à l'assainir et à faire disparaître son humidité, autant que possible.

Mais une église, Messieurs, condamnée déjà par sa petitesse trop sensible, vient ajouter à ce mortel défaut celui d'une humidité extraordinaire, que rien ne pourra jamais dessécher ; c'est une église qui mérite deux fois la mort. Or, je vous demande, n'est-ce pas là la triste situation de l'église de la paroisse ?

Je dis, d'abord, église très-humide : qui pourrait le nier, quand la preuve saute aux yeux ? quand le pavé, ici tout ruisselant, là tout vert de pourriture, vous le dit d'une manière si visible et si frappante ? quand tout y pourrit et s'y décolore, au point d'être obligé d'en sortir bannières, ornements, que sais-je ! et de leur donner logement ailleurs ?

Or, vous le savez, Messieurs, et le médecin avec l'expérience de tous les jours se lasse-t-il de le répéter, rien, comme l'humidité, pour ruiner les santés les plus robustes ou leur apporter des douleurs longues, sourdes, et parfois cruelles. Je pourrais me citer ici comme la triste preuve de cette vérité ; citer surtout ce pieux et saint prêtre, votre ancien pasteur, si digne de vos regrets, que vos larmes universelles ont voulu le conduire en triomphe jusqu'à Saint-Quentin ! Eh bien ! arrivé parmi vous, avec la fleur de la santé brillant sur toute son aimable personne ; qui l'a flétrie peu à peu et ruinée à la fin, jusqu'au point de se voir obligé à se séparer de vous, malgré son cœur et le vôtre ? N'est-ce pas, avant tout, la désolante humidité du presbytère, jointe à celle plus désolante encore de l'église ?

Mais, pour ne m'occuper que des fâcheux accidents qui se répètent trop souvent dans l'église : Est-il étonnant, vous dirai-je, qu'un jour, l'un, un jour, l'autre, venus bien portants à la messe, éprouvent tout à coup une oppression, un point de côté, un mal de cœur, une faiblesse, une image de la mort qui ne revient à la vie qu'au souffle d'un air moins humide et plus salutaire; le grand air de la porte? Quoi! dans cette église, l'humidité vient vous attaquer de toutes parts et en tous sens; vos yeux s'y baignent; vos oreilles la pompent; vos lèvres la boivent; votre poitrine l'aspire; vos mains la touchent; vos pieds la sentent; tout votre corps en est pénétré; vous nagez, pour ainsi dire, dans l'humidité; et vous êtes étonnés de vous en retourner souffrants ou malades; quand vous êtes venus à l'église, tout florissants de santé? Le contraire, moi! m'étonnerait; et voilà pourquoi je n'ai que des foudres pour l'humidité, viendrait-elle se réfugier dans le lieu du pardon.

Je dis ensuite: humidité, que rien ne pourra jamais dessécher. Vraiment, Messieurs, c'est à faire pitié, la manie de nos bons aïeux, à vouloir s'enterrer tout vivants dans leurs églises comme dans leurs maisons! Aveugles, qui ne voyaient pas que descendre deux, trois marches, pour fuir un

2

cruel ennemi, le froid! c'était descendre à la rencontre d'un ennemi plus cruel encore, l'humidité! si encore on pouvait l'assainir; mais comment? Comblerez-vous le vide? nivellerez-vous le terrain? vous allez toucher le plafond de la tête. Quoi! emploierez-vous le drainage? votre rire dit assez que ce serait ridicule. Vous êtes donc là, en présence d'un ennemi invincible! Or, vivrez-vous avec et léguerez-vous à vos enfants un si triste héritage; quand, surtout, la petitesse de l'église, jointe à cette humidité insurmontable, vous dit de fuir ces bas lieux et d'aller prier, au soleil et au large, sur la montagne? Non, Messieurs, vous ne serez pas cruels à ce point envers vous et vos enfants; et puisque l'humidité est un de ces ennemis sur lesquels on ne remporte la victoire que par la fuite, vous ne rougirez pas de le faire, que dis-je! vous vous glorifierez de ne pas marcher ici sur les traces de vos pères et de corriger prudemment, pour la santé publique, les erreurs qu'ils ont commises naïvement.

IV.

L'ÉGLISE N'HONORE PAS LE PAYS.

Et puis, Messieurs, convenons-en : à l'heure qu'il est surtout, cette église si pauvre d'architecture, de grandeur et de salubrité, est-elle digne d'Hombières? Mille fois non! répond l'honneur et la sainte fierté du pays, par l'église elle-même humiliée et rabaissée.

Quoi! en effet, l'heure de la résurrection des églises a depuis longtemps sonné ; et celle d'Hombières restera toujours enterrée dans son tombeau séculaire? Je dis enterrée, et dis-je de trop? quand elle demeure invisible au pays même et quand l'œil du voyageur, qui demande après elle, la cherche partout et ne la trouve nulle part!

Or, Messieurs, n'est-il pas temps, enfin, de remédier à cette honte et de marcher sur les traces de tant de communes, lesquelles, placées dans le même cas que nous, se mettent noblement à l'œuvre? Regardez tout autour de vous : que d'églises s'élèvent majestueuses sur les ruines des anciennes! et cela souvent dans des communes humbles et modestes ; des communes riches en noblesse de sentiments, mais pauvres en terroir et en propriétés. Quoi! et Homblières, la capitale des communes du canton de Saint-Quentin, par sa beauté, son importance, sa population, sa richesse et l'étendue de son terroir; Homblières, que tant de titres de supériorité devrait animer d'un juste et noble orgueil; Homblières resterait froid et glacé pour son église, et abandonnerait ici le poste d'honneur qui lui appartient pour aller se ranger derrière de simples communes, bourgades ou hameaux?

Ah! Messieurs, depuis cinquante ans, tous les pays ne sont-ils pas transformés? Où sont ces maisons d'autrefois, en bois, en terre, en paille? qu'ils seraient étonnés, nos pères, s'ils revenaient de l'autre monde dans leur pays natal! ne chercheraient-ils pas Homblières dans Homblières même? Quoi! s'écrieraient-ils, voilà partout des châteaux à la place de nos cabanes? tout a changé de figure! tout, hormis l'église! oui! c'est encore elle; toujours enterrée, toujours petite, toujours humide. Pauvres enfants, hélas! ils aiment mieux leur maison belle, que l'église belle. En bonne piété, pourtant, ne devaient-ils pas commencer par la Maison de Dieu et finir par la leur? L'église! n'est-ce pas là le premier monument, la première gloire d'un pays? Le pieux

David, lui! assis sur le trône de Jérusalem,
s'écriait: O mon Dieu! non! le sommeil ne fer-
mera pas mes paupières, que je n'aie bâti à votre
gloire un temple digne d'elle! Mais, à Homblières,
que Dieu soit bien ou mal logé, on dort, à ce qu'il
paraît, fort tranquille là-dessus. Ainsi diraient
nos pères, et ne diraient-ils pas la vérité?

Et pourquoi, Messieurs, ne profiterait-on pas
de la leçon, quand elle vous arrive si vraie et si
éloquente? Je vous le demande: est-il beau, est-il
honorable pour un pays de se bâtir des palais;
palais, comparés aux chaumières d'autrefois, et
de dire à l'église: pour toi, tu es assez bien
comme cela? N'est-ce pas manquer aux bienséances les plus sacrées? n'est-ce pas insulter à
la religion comme à l'honneur du pays? n'est-ce
pas faire dire au passant: voilà une commune
sans piété, sans zèle et sans foi?

Raison donc, Messieurs, de faire de l'église le
premier monument du pays. Car, l'église, en
s'élevant, vous élève; et plus haut vous la faites
monter, plus haut aussi votre gloire monte avec
elle. C'est un service réciproque que vous vous
rendez l'un à l'autre; plus donc vous la ferez
belle, et plus elle chantera vos louanges. Aussi
bien, courage! et si le monument élevé à l'honneur de la mairie, des fonctions municipales et

des sciences élémentaires, vous a placés sur les premières marches du trône, que le monument élevé à l'honneur de Dieu et des vérités éternelles descendues des cieux pour nous éclairer, nous sanctifier et nous rendre dignes de la patrie bienheureuse, vous fasse monter sur le trône lui-même et vous pose la couronne de pierres précieuses sur la tête.

V.

L'ÉGLISE HUMILIE SAINTE HUNÉGONDE.

D'ailleurs, Messieurs, ce monument religieux, vous le devez non-seulement à Dieu, à vous-mêmes, au pays; mais, vous le devez, pour des raisons majeures et d'un ordre tout particulier, à sainte Hunégonde, dont vous êtes les enfants, et dont je viens être auprès de vous l'heureux avocat.

En effet, Messieurs, tant de pays désireraient avoir des reliques de saints, se trouveraient si heureux d'en posséder une petite parcelle! et ce bonheur leur est refusé. Pour se dédommager, ils feront, à pieds nus quelquefois, des pèlerinages lointains; et, arrivés au terme de leur voyage, ils essuieront leurs sueurs, en tressaillant d'allégresse de voir enfin de leurs propres yeux et de baiser enfin de leurs propres lèvres, l'objet sacré de leur dévotion.

Quel privilége donc est le vôtre, Messieurs? car, à vous il est donné de posséder non pas une, mais toutes les reliques de sainte Hunégonde à la fois. Oui ! tous ses ossements précieux et vénérés reposent là, dans votre église même, comme des germes d'immortalité, en attendant le grand jour de la Résurrection générale, qui les réunira à son âme, plus resplendissants que le soleil. Quel trésor donc, quelle gloire et quelle fortune pour le pays !

Et non-seulement vous possédez toutes les reliques d'une sainte, mais d'une sainte aussi grande par la sainteté que par la naissance, aussi noble par ses vertus que par ses richesses, aussi célèbre par ses miracles que par ses titres de distinction et de seigneurie.

Que dirai-je ! Et ces reliques vénérables, d'où vous viennent-elles ! Ah ! elles vous viendraient du delà des mers, de Rome, par exemple, où la sainte se serait sanctifiée ; vous les auriez déjà chères et précieuses, étant précieuses aux yeux de Dieu même qui les a marquées du sceau des élus, en les marquant du sceau des miracles. Combien donc alors les reliques de sainte Hunégonde doivent vous paraître aimables! car, d'où vous viennent-elles? d'Hombières même, votre pays!

O pays fortuné! que tu dois donc être orgueilleux alors! car, ta gloire c'est ton enfant, et ton enfant c'est ta patronne au plus haut des cieux! Salue donc avec amour, et ce sentier, d'heureuse mémoire, qui la descendit du château de Lambay dans ta vallée délicieuse, et cette abbaye royale, dont elle fut la mère et l'abbesse, et tous ces lieux enchanteurs qu'elle embauma de la bonne odeur de ses vertus angéliques! Oui! arrose de tes larmes de joie le passage de la sainte, et baise jusqu'aux traces de ses pieds vénérables; mais surtout, ô pays si privilégié d'Hombières! embrasse, embrasse et serre contre ton cœur ses reliques bien aimées! ne sont-elles pas le gage réjouissant du cœur maternel qui veille sur tes destinées? ne forment-elles pas ta gloire et ta couronne, aux yeux de tous les pays d'alentour? N'est-ce pas elles qui font bénir ton nom au loin? elles qui te donnent un droit acquis à l'immortalité? elles, enfin, qui attirent, tous les ans dans ton enceinte, cette foule de pieux pèlerins, l'étonnement et l'édification du pays?

Quoi! Messieurs, sainte Hunégonde sera l'auréole d'Hombières, et vous ne rougirez pas de la

voir placée dans une pauvre et petite église, où
elle n'a même pas son autel, faute de place?
Sainte Hunégonde, que vous devriez porter jusqu'aux nues, montrer à tous les regards, et
exposer à la vénération publique dans la plus
belle des églises! Ciel! quelle humiliation imposée
à celle qui fait toute votre élévation!

Certes, Messieurs; je sais que vous en êtes
fiers, cependant; et cette châsse magnifique,
ornée de pierres précieuses et de diamants, dont
votre piété filiale et celle du pays tout entier lui
fit présent; et cette belle et si solennelle procession, où vous la portez en triomphe à travers
les rues extasiées, pompiers et musique en tête,
proclament assez votre amour à son égard. Aussi,
suis-je heureux de vous renouveler ici mes éloges
et mes félicitations sur une conduite qui vous fait
tant d'honneur!

Toutefois, permettez que je vous ouvre, et
franchement, mon cœur à ce sujet. Joyeux moi-
même et tout ravi de présider, pour la première
fois, une si belle procession, je me disais en sortant de l'église: quel beau jour! quelle belle fête
religieuse! mes yeux en ont-ils jamais vu de semblable? Voyez donc: quelle pompe! quelle majesté!
quel spectacle digne de Dieu et de ses anges!
Sainte Hunégonde elle-même n'en est-elle pas ravie

et ses reliques sacrées ne tressaillent-elles pas, dans cette marche triomphale; d'une juste et sainte allégresse? Ainsi parlai-je dans le secret de mon cœur, et ce langage était l'expression naturelle de mon extase.

Mais, retournant à l'église et examinant de loin sa petitesse et son peu de dignité, hélas! ajoutai-je : si sainte Hunégonde fait la gloire d'Homblières, ne fais-tu pas, toi! la honte de sainte Hunégonde? Pourquoi donc faut-il que tant de bassesse reçoive tant de grandeur? Est-ce là, dans ce tombeau, que devraient se rendre des reliques sacrées, objet de tant d'enthousiasme? N'est-ce pas, bien plutôt, une cathédrale qui devrait avoir l'honneur de recevoir, à sa rentrée, cette reine et mère glorieuse du pays? Quoi! tant d'éclat et de pompe religieuse aller s'éteindre en lieu si pauvre et si humble! une procession si magnifique aboutir à une autre étable de Bethléem et se voir obligée à courber la tête qu'elle avait portée si haute, pour rentrer son héroïne et sa gloire! O pieux pèlerins! que direz-vous donc de l'église d'Homblières, à votre retour? que raconterez-vous à vos enfants? Vous leur direz : nous avons eu le bonheur de voir la belle procession et de saluer la sainte sur son passage; mais voilà tout! L'église est si petite, qu'on ne peut y entrer;

et si vous l'essayez, deux sentinelles stationnent à la porte, qui vous en font la défense!

Or, Messieurs, se voir obligé par l'église elle-même d'interdire l'entrée de l'église à des pèlerins, qui viennent de si loin peut-être pour sainte Hunégonde; n'est-ce pas un véritable malheur et pour les pèlerins et pour le pays? pour les pèlerins qui dirons désormais : je voudrais bien aller à la fête de sainte Hunégonde, mais à quoi bon, pour rester à la porte? pour le pays, dont on pourra dire : ces gens-là ne sont guère glorieux de rester avec une église comme celle-là ! ah! si la sainte nous appartenait, comme elle aurait bientôt une église digne d'elle; digne de l'admiration de tous ses pieux visiteurs, coûte que coûte!

Ainsi, d'ailleurs, Messieurs, se refroidit insensiblement la dévotion au pèlerinage de sainte Hunégonde; ainsi s'éteint peu à peu votre réputation de bonne odeur aux alentours. Vous le dites vous-mêmes, qu'autrefois, malgré les mauvais chemins, les pèlerins abondaient bien plus qu'aujourd'hui. Pourquoi donc, témoins de cette triste vérité, ne pas rétablir en honneur cet antique pèlerinage? pourquoi ne pas rallumer la flamme de dévotion expirante au cœur du pèlerin, en l'attirant à vous par une église grandiose et majestueuse, destinée à remplacer celle si pauvre et si chétive qui l'éloigne de vous? Oui! qu'elle arrive donc, cette désirée de tous! et le pèlerin vous louera, et sainte Hunégonde vous bénira, et tout le pays tressaillira!

VI.

AMÉLIORATION DE L'ÉGLISE TRÈS-COUTEUSE, MAIS INFRUCTUEUSE.

A la bonne heure, direz-vous peut-être, Messieurs! mais, tout bien examiné, n'y aurait-il pas un moyen facile d'améliorer l'église de nos pères d'une manière convenable, et de la rendre ainsi plus digne et du pays et de sainte Hunégonde? Une amélioration, si belle qu'elle soit, ne serait jamais pour la commune un aussi lourd fardeau que celui de la construction d'une nouvelle église.

Certes, Messieurs, si votre idée, mise à exécution, pouvait satisfaire aux divers besoins de la paroisse, je lui sourirais le premier entre tous; doublement heureux de voir le fardeau des dépenses s'alléger sur vos épaules, et de vous laisser la douce consolation de venir prier dans l'église et à la place même de vos pères et de vos aïeux.

Mais, permettez que je vous demande: cette

amélioration est-elle possible d'abord? et si sa
possibilité est hors de doute, sa réalisation ne
laissera-t-elle pas des regrets trop sensibles aux
intérêts les plus graves de la paroisse, pour en
conclure prudemment qu'il vaut mieux renoncer
à ce projet, tandis qu'il n'est encore qu'à l'état
de simple question ou d'idée?

En effet, Messieurs, en quoi consisterait, avant
tout, l'amélioration digne et convenable de l'église?
A faire partout des colonnes arrondies, à l'instar
de celles qui existent, et à créer un nouveau
bas-côté sur le derrière, semblable à celui regardant le presbytère. Or, de bonne foi, croyez-vous
que cela soit possible? Pour le bas-côté, je l'accorde; mais les colonnes! je désespère. Comment
essayer de frapper ces masses de pierres ou de
briques pourries de vétusté et d'en faire sortir
l'objet de nos souhaits, sans ébranler tout l'édifice
et sans courir le risque de s'ensevelir sous ses
ruines?

On répondra peut-être: mais pourquoi avoir
peur? on l'a bien fait autrefois et sans danger:
l'édifice encore debout et les colonnes arrivées à
souhait le disent assez clairement.

Ah! Messieurs, si elles pouvaient parler, ces
colonnes citées par vous en témoignage, ne vous
diraient-elles pas aussi combien l'église a tremblé.

sous le coup du marteau créateur? ne vous dépeindraient-elles pas la juste frayeur des ouvriers, devant la menace incessante de la mort suspendue sur leur tête? ne vous indiqueraient-elles pas mille lézardes cachées sous le pinceau du badigeonneur et accusant le peu de solidité de l'édifice? ne vous crieraient-elles pas à tous : mais, à quoi pensez-vous, Messieurs? quoi! vous rêvez de nouvelles colonnes, quand les anciennes ont appelé à leur secours des barres de fer pour éviter la chute? et quand surtout elles ont coûté si cher, que la commune épouvantée s'est retirée du travail, en disant : quelle folie! dépenser tant d'argent, pour avoir quoi! rien à la fin! Ah! ne vaut-il pas mille fois mieux bâtir une église alors? ainsi, du moins, s'il y a dépense, la dépense sera bien placée.

Je parle ici des colonnes toutes seules; qu'on pourrait appeler, pour le prix, colonnes toutes d'argent! mais, l'amélioration devra-t-elle se borner là, pour être digne et convenable? Ce serait s'arrêter au commencement de la carrière à parcourir. Après les colonnes, arrive donc le bas-côté, où grelottent les hommes cachés derrière les masses de piliers informes : l'élever, l'agrandir et l'orner de vitraux, serait urgent, nécessaire, indispensable.

Puis, viennent les vieux bancs à décorer ou à remplacer par des chaises propres et décentes ; le parquet à rajeunir ; le carrelage tout pourri à refaire à neuf, ou mieux lui substituer les dalles ; que sais-je enfin ! car, pour améliorer l'église, il faut l'améliorer sous toutes ses faces, sinon, vous attirez les reproches de toutes les autres parties délaissées, qui viennent se plaindre à vous et vous dire à leur manière :

Quoi ! vous embellissez les colonnes, et moi ! carrelage, vous me laissez dans la pourriture ! et moi, sanctuaire auguste où s'offre le grand sacrifice, vous me laissez humble et à l'étroit, avec une petite croisée de mansarde ! et moi, clocher sacré, dont la mission est de porter la gloire de Dieu avec la vôtre dans les nues, de faire retentir au loin votre deuil ou votre joie, d'aller au delà des mers réjouir, consoler et aguerrir vos enfants, au souvenir tout seul du clocher natal ; moi, enfin, dont l'histoire est si poétique et la destinée au milieu de vous si touchante ! quoi ! vous auriez le courage, remettant tout en honneur à mes pieds, de me laisser bas et invisible à la vallée comme à la montagne, moi ! qui devrais porter la tête si haut et aller parler de vous au soleil ?

Vous le voyez, Messieurs, que de désirs à satisfaire, que de plaintes à calmer, que d'argent

à dépenser, pour améliorer l'église en tous sens!
Et pourtant, se mettre à l'œuvre et ne la faire
qu'à demie, ne serait-ce pas ressembler à un père
de famille qui se glorifierait de jeter un habit
neuf sur les épaules de son fils, tout en lui laissant
la tête et les pieds dans la nudité? Ah! pourrait
lui répondre le fils, humilié par la richesse même
de l'habit: si vous ne faites, mon père, l'habil-
lement complet, je vous en remercie; car je ne
veux pas d'un habit qui me fasse rougir de la tête
aux pieds.

Et puis, d'ailleurs, Messieurs, quand vous
auriez le noble courage de rajeunir l'église sous
toutes ses faces et, semblables à Dieu, de faire
dans son enceinte toutes choses nouvelles, de
nouveaux cieux et une nouvelle terre; c'est-à-dire
une transformation générale: oui! quand vous
feriez de cette pauvre église un petit bijou, un
petit paradis terrestre, hélas! auriez-vous remédié
au point capital: la petitesse de l'église? et la
petitesse de l'église ne serait-elle pas toujours là,
triste et affligée comme l'ange du Seigneur à la
porte de l'antique Eden, d'être obligée d'interdire
au monde l'entrée dans ce nouveau paradis terrestre, où tout le monde cependant devrait
entrer, pour se rendre digne du céleste? D'où
vous devez conclure avec moi qu'améliorer

l'église serait une dépense ruineuse tout à la fois et infructueuse; raison donc d'y renoncer et de se retourner vers une autre église, qui saura, du moins, vous dédommager par sa grandeur des nobles dépenses que vous ferez pour sa splendeur. C'est, à coup sûr, le parti le plus sage et le plus prudent.

VII.

LA BELLE MANIÈRE DE BATIR L'ÉGLISE.

Oui, certes! direz-vous peut-être, Messieurs, et qui ne conviendrait de cette vérité? mais, si c'est le parti le plus sage, c'est aussi le plus dispendieux. Ah! si comme certains pays, nous étions riches en biens communaux, la question serait bientôt tranchée et Homblières ferait parler de lui par une église sans égale. Mais, le malheur, c'est le peu de ressources de la commune. Tout le monde alors va être obligé de payer de sa propre bourse; tous, jusqu'au pauvre peuple aujourd'hui sans commerce. Comment y arriver? c'est bien difficile !

Dites donc très-facile, Messieurs! et pour vous le prouver, je n'ai besoin que de faire appel à la noblesse de vos sentiments et à vous dire:

Non, de grâce! ne gémissez pas de l'absence des biens communaux, pour venir en aide à la nouvelle église. Homblières, il est vrai, est mal partagé sous ce rapport; mais serait-il riche, comme certaines communes, en terres, en prairies, en bois, que sais-je! je lui dirais, en le voyant offrir son trésor de rentes communales à la bâtisse d'une nouvelle église: merci bien de votre offre! car, lorsqu'on bâtit une maison au Seigneur, c'est avec le cœur surtout qu'on doit la bâtir. Versez donc l'argent de vos terres et de vos prés sur vos routes, sur vos chemins, sur vos Maisons communes, et mieux encore dans le sein de vos pauvres: c'est leur destination naturelle. Mais une église doit être l'œuvre de la créature pour le Créateur. Qui donc doit battre monnaie, dans cette circonstance solennelle et toute de religion? le cœur tout seul, animé par la foi, l'espérance et la charité: ces grandes vertus surnaturelles, qui relient l'homme à Dieu, le chrétien à Jésus-Christ, la terre au ciel! et qui doit offrir à l'église cette monnaie sainte, ce denier sacré? toujours le cœur, centre et foyer de ces vertus célestes elles-mêmes!

Ah! Messieurs, que le cœur est puissant, quand il est animé de l'esprit d'amour: il enfante des merveilles! D'où viennent, en effet, tous ces

beaux monuments religieux, tous ces riches sanctuaires, toutes ces maisons hospitalières, où la
faim est rassasiée, la soif raffraîchie, la nudité
revêtue, les cent formes de maladies recueillies
et traitées gratis par la douce main de la charité?
du cœur d'un homme! Vincent de Paul paraît,
et avec ses mains, vides des richesses de ce monde,
il sème les prodiges sous chacun de ses pas : son
cœur fait appel à tous ceux qui aiment Dieu,
trouve de l'écho dans tous les cœurs; et voilà
que les millions pleuvent dans ses mains et que
le sol de la France se couvre des merveilles de la
charité!

Quoi! Messieurs, et vous tous, hommes de
cœur pour Dieu! je dis tous : en serait-il un seul
parmi vous qui rejetât un si beau titre? quoi!
vous envieriez le sort des communes richement
dotées, quand il s'agit de bâtir un temple au
Seigneur? quoi! vous ne verriez pas qu'une église
est belle, surtout quand elle est bâtie par l'amour
de chaque habitant? quoi! vous ne comprendriez
pas que l'aumône toute seule de la piété doit en
avoir la gloire et le mérite? et vous appelleriez
malheur la source même de votre bonheur et de
votre bonne renommée aux yeux de Dieu et des
hommes?

Quelle gloire, en effet, Messieurs, pour un

pays de voir s'élever dans son enceinte une église bâtie des deniers tout seuls et des rentes de la commune? Où est, je vous prie, le mérite des habitants dans cette œuvre? Où se montre leur zèle, leur foi, leur cœur pour Dieu? Nulle part! Vous ne les voyez apporter ni leur denier, ni leur pierre de taille à l'édifice. Tout se fait, pour ainsi dire, tandis qu'ils dorment tranquilles sur la solde de l'ouvrier, du sculpteur, de l'architecte, que sais-je! Je vous le demande: quelle grâce donc à eux de venir se glorifier d'une église qui ne leur coûte pas une obole? Aussi, l'église en s'élevant leur dit-elle, en son langage: vous avez l'air d'être fiers de moi, mes amis; mais où sont vos titres de juste orgueil? Il semble, à vous voir, que c'est par vous que je m'élance dans les airs; mais qu'avez-vous fait pour moi, vous, qui ne m'avez pas aidée, du bout du doigt même, à faire au milieu de vous et pour vous ma laborieuse ascension? Ah! si je dois la louange et le remercîment à quelqu'un, ce n'est pas à vous, mais aux biens communaux par qui tout seuls j'existe. Car, pour vous, qui ne m'avez pas fait cadeau d'un centime, si vous êtes glorieux de moi, ne m'avez-vous pas donné le droit de vous répondre que je suis honteuse de vous?

Non donc, Messieurs, ne regrettez pas pour

Homblières la richesse et les trésors en caisse des autres communes ; ce serait regretter sa gloire et son mérite. Tout Homblières a du cœur pour Dieu, je le sais ; il suffit à la cause de l'église, la victoire est décidée! Combien de fois n'ai-je pas entendu, sur les lèvres de l'ouvrier lui-même, ce beau langage : Moi! tout pauvre que je suis, je donne volontiers quarante sous de plus tous les ans, pour avoir une nouvelle église de sainte Hunégonde! Voilà le cœur chez le peuple français en général : toujours grand et noble pour Dieu! admirable non-seulement sur le champ de bataille, mais surtout sur le champ de la foi religieuse! ardent non-seulement à élever les trophées de la victoire, mais plus ardent encore à élever un temple à la gloire du Seigneur! Combien d'églises, sur le sol de la France, bâties des deniers et de la sueur du peuple tout seul!

Noble peuple d'Homblières! toi aussi tu montreras donc que tu es l'enfant de la France et que non-seulement l'amour de la patrie coule avec le sang guerrier dans tes veines, mais encore et surtout l'amour de Dieu et de sa Maison sainte sur la terre! Oui! tandis que tes frères, au delà des mers, vont ceindre leur front des lauriers de la victoire, pour toi, tranquille dans tes foyers et assis au métier de la paix, tisse à Dieu la cou-

ronne d'amour et dresse à sa majesté le trône de
la piété : est-il pour Dieu un plus beau trône sur
la terre qu'une église, et surtout une église arrosée
des sueurs de ceux qui la créent et l'élèvent dans
les cieux ? Tu le comprends, ô peuple généreux !
aussi tarde-t-il à ton cœur de te mettre à l'œuvre
et d'apporter ta pierre de taille à l'édifice chéri.
Bien qu'assis à la table de la sobriété et gagnant
à peine le pain et l'eau nécessaires à la famille, ton
cœur et ta foi sauront l'économiser, cette pierre
précieuse, sur la table elle-même, sur la toilette,
sur les plaisirs, que sais-je enfin ! l'économiser,
en augmentant les recettes de famille par la pieuse
diminution des dépenses superflues. Conduite
au-dessus de tout éloge et qui te rapportera cent
deniers de gloire et de mérite, pour un de
sacrifice !

Quel orgueil, en effet, Messieurs, pour tout
Homblières, pauvres comme riches, de pouvoir
se dire, en regardant l'église : c'est moi qui t'ai
bâtie ! Bâtir une église, c'est une œuvre grandiose,
rare, séculaire ! tous les siècles n'ont pas cet
honneur, et cet honneur m'appartient ! Fondateur
d'une église, quel titre de noblesse devant Dieu !
et pourtant, c'est le titre qui me décore à cette
heure !

Aussi, Messieurs, l'église ne sera pas ingrate

envers Homblières. En s'élevant dans les cieux, sur les ailes de la foi, de l'espérance et de la charité du pays, son premier soin sera d'aller chanter ses louanges aux pieds du trône de Dieu, et d'en faire descendre sur lui ses plus chères bénédictions. Son second, d'emprunter la trompette de la Renommée et de répandre au loin, avec son histoire si touchante, votre zèle à tous, Messieurs, vos sacrifices et votre générosité. Son troisième, enfin, de vous répéter tous les jours, à votre passage : ô mes bien-aimés ! c'est donc grâce à vous tous que je vois le soleil ! sans vous je serais encore dans le néant ; et voici que par vous je lève ma tête superbe dans les nuages ! salut donc à tous, ô mes amis ! et si vous êtes fiers de moi, laissez-moi vous dire que je suis doublement fière de vous.

Et vous, Seigneur, qui contemplez à l'avance cette église merveilleuse, sortie du cœur d'Homblières pour vous, ah ! n'allez-vous pas bénir une si belle œuvre de votre bénédiction toute paternelle ? vous réjouir de rendre, au centuple, à tous les habitants, le denier généreux offert si noblement ? raconter à vos anges tous les détails d'une conduite si digne d'admiration et dire d'Homblières, comme autrefois de saint Martin : il m'a revêtu, non d'un manteau, mais d'une église :

ce qui est bien autre chose ! Que sais-je enfin, ô mon Dieu ! n'allez-vous pas écrire dans le livre de vie tous les noms des donateurs et en récompense de l'église donnée de si bonne grâce et de si bon cœur, leur donner à tous une belle et glorieuse place dans l'église universelle de votre royaume céleste ?

VIII.

IMPOT DE L'ÉGLISE, SA FACILITÉ, SES SUPPLÉMENTS.

Préparés donc au sacrifice, Messieurs, et joyeux de le faire pour une si belle cause, vous me donnez d'aborder cette question essentielle avec d'autant plus de confiance que, vue de loin et dans l'ombre de l'imagination, elle effraie ; mais, examinée de près et à fond, elle rassure et s'aplanit : semblable à la montagne qui vous apparaît, dans le lointain, escarpée et infranchissable et qui, rapprochée des pas du voyageur, se change en coteau simple et facile à parcourir.

En effet, Messieurs, que viens-je vous proposer, à cette heure ? Un vote de cent mille francs ? votre grandeur d'âme et votre générosité ne reculeraient pas en sa présence ; mais, celui de cinquante mille, tout en glorifiant votre bonne volonté, suffira au succès de la belle œuvre, pour votre part. Or, qu'est-ce que cela, considéré des yeux d'un cœur grand et magnanime, pour une commune surtout riche et importante comme Homblières? n'est-ce pas une paille légère sur ses épaules fortes et robustes? surtout, quand je viens ajouter: cinquante mille francs, payables en cinquante annuités. Ah! si je disais, payables en quinze ou vingt ans, on serait juste peut-être de trouver le fardeau déjà assez accablant pour la richesse même et la bonne volonté de la commune. Mais, en allongeant les termes et en multipliant les années, le fardeau se partage, se subdivise et se répartit en parcelles sur la tête de chaque année. Ainsi, les années, par leur nombre, se rendent-elles service l'une à l'autre, en prenant chacune leur part d'impôt; si bien qu'à la fin, l'impôt tout entier se trouve acquitté, sans regret ni fatigue d'aucune part.

Eh! Messieurs, qui ne trouverait cette conduite juste et louable? une église se bâtit-elle pour le temps présent seulement? n'est-ce pas pour des siècles qu'elle s'élève dans les airs? Après vous, mille autres générations ne viendront-elles pas s'asseoir et prier dans son enceinte? Quoi! vous bâtissez pour l'avenir surtout et vous ne pourriez hypothéquer l'avenir, en faveur de l'allégement du présent?

A Dieu ne plaise, Messieurs! l'avenir lui-même vous en remerciera et dira de vous : nos pères ont agi en hommes de sens à notre égard, et ils ont bien mérité de nous. Seuls ils auraient pu jouir de la gloire si précieuse de payer l'église, comme ils ont eu celle si laborieuse de la bâtir; mais ils ont compris que leurs descendants, héritiers futurs du monument religieux, devaient l'être d'une part de l'impôt sacré. Noble héritage, que nous acceptons avec reconnaissance! Legs honorable, que nous accueillons plus volontiers qu'une fortune de boue! Ainsi, du moins, si nous n'avons pas eu la joie de poser la première pierre, nous aurons celle de la solder. Ailleurs, c'est le tribut de la vanité, du plaisir, ou de la volupté, que le présent impose à l'avenir, en paiement de ses cirques, théâtres, ou salles de désordres quelquefois; mais ici, c'est le tribut d'honneur religieux tout seul, légué par nos pères à leurs enfants, en faveur du sanctuaire de la divinité et des vertus immortelles et célestes : vive donc alors la mémoire de nos pères! Par eux il nous est donné de succéder à la gloire et à l'héritage de la nouvelle église de sainte Hunégonde, et avec eux de montrer à Dieu notre cœur et notre foi, et de faire monter jusqu'à son trône l'encens commun de nos adorations et de nos hommages.

L'avenir donc, Messieurs, offrant, pour ainsi dire, son épaule au présent, pour porter en commun le fardeau sacré, la nouvelle arche du Seigneur, c'est assez dire qu'il sera doux et léger pour les pères et pour les enfants. En effet, à quoi, tout bien calculé, l'impôt sacré se réduira-t-il pour chaque habitant ? au dixième en plus des contributions ordinaires. Qui donc paie dix francs, paiera onze ; qui cinquante, paiera cinquante-cinq ; qui cent, paiera cent dix. C'est le résultat assuré de mes recherches sérieuses sur cette question importante, et la réponse donnée par l'homme compétent en cette matière : l'honorable et savant percepteur d'Hombtières. Je parle donc, ici, avec connaissance de cause ; et loin de moi de vouloir à dessein alléger le fardeau, pour le glisser plus facilement sur les épaules ! Je dois la vérité tout entière, autant au caractère auguste dont j'ai l'honneur d'être revêtu, qu'à la gravité dont la question présente est environnée.

D'où je conclus, Messieurs, que la gloire qui rejaillira sur tous de l'édifice religieux, gloire si grande quant à l'œuvre, sera pour tous très-facile quant à l'impôt. Facile au peuple en général : Demandez-lui si le tribut annuel d'un franc ou deux pour la nouvelle église de sainte Hunégonde attristera sa bourse, toute modeste qu'elle soit? et il vous répondra : attrister? dites donc réjouir, à la bonne heure! Eh! peut-il être pour nous un honneur plus grand, un plaisir plus sensible? Facile au riche : plus sa fortune s'élève, plus, sans doute, l'impôt s'élève avec elle; mais, ne doit-il pas être fier et heureux d'une élévation d'impôt qui le distingue du peuple, tout en ne payant en proportion que comme le peuple? car, le sacrifice d'un franc chez celui-ci n'a-t-il pas autant de mérite que le sacrifice de vingt francs chez celui-là? Si donc le peuple, bien que dis-gracié des dons de la fortune, fait de si bon cœur son offrande à la Maison du Seigneur, que ne doit pas faire le riche, tenant en main la corne d'abondance? le riche, séparé de la foule des pauvres lazares par le privilége de la naissance ou de la prospérité; le riche, enfin, que le Sei-gneur a fait grand selon le monde, afin de se montrer grand selon Dieu, surtout dans les cir-constances solennelles, comme celle si rare et partant si touchante de la construction d'un temple à la gloire du Très-Haut?

Aussi, Messieurs, je suis heureux de le dire à l'avance : la noblesse des sentiments, dans la classe élevée d'Hombliéres, ne fera pas défaut au succès de l'église, loin de là; car, bien que n'existant encore qu'en projet, elle la hâte déjà de ses vœux et la salue déjà sur l'horizon. Elle sait que le peuple offrirait en vain son denier généreux, si le sien n'arrivait plus brillant et plus généreux encore; et, maîtresse de la décision et destinée du vote, elle pourrait, pour une raison ou pour une autre, renvoyer à plus tard l'arrivée au pays de la désirée de tous. Mais, non; sa foi toute seule et sa pieuse générosité domineront toutes les petites raisons d'intérêt et d'égoïsme, et quoique sa fortune en général soit le produit lent et d'autant plus honorable d'un long et pénible travail, sous le poids du jour et de la chaleur, bien différente en cela de la fortune rapide de certains heureux qui se couchent pauvres et se réveillent riches quelquefois et millionnaires! oui! je le répète, la classe élevée et si digne d'Hombhères saura se montrer grande ici surtout et offrir noblement au Seigneur la dîme glorieuse de ses moissons dorées; trop heureuse, comme d'autres Abel, d'envoyer d'une main vers le trône de Dieu une partie des dons matériels et terrestres, que Dieu ne manquera pas de renvoyer de l'autre, multipliés au centuple par la rosée du ciel et la graisse de la terre.

L'impôt en question, Messieurs, sera donc

aussi facile à tous, qu'à tous honorable et pour tous agréable. Mais à qui s'adresser, pour un emprunt de cinquante mille francs payables en cinquante annuités, intérêts et capital fondus l'un dans l'autre? Vous le dites avant moi : Au Crédit foncier. Le Crédit foncier, en effet, est autorisé du Gouvernement à prêter aux communes pareille somme, à pareil terme, et sans hypothèque aucune. Car, alors, les contributions votées chaque année pour assurer le paiement des annuités, ne forment-elles pas une garantie aussi solide que celle assise sur un gage immobilier?

A la bonne heure! dira-t-on peut-être ici. Mais, pour bâtir une église digne d'Homblières, ce n'est pas cinquante, mais bien quatre vingt mille francs dont il faudrait parler ; or, comment y arriver?

La réflexion est juste et très-sensée, Messieurs, et si vous ne m'aviez pas devancé, j'allais avoir l'honneur de vous la faire moi-même. Je le dis donc avec vous : Non certes! cinquante mille francs ne suffiraient pas à la nouvelle église d'Homblières, que tout veut grande et majestueuse ; mais, sans vous donner le pouvoir de faire des miracles, pouvoir que je n'ai pas moi-même, devons-nous désespérer de voir les cinquante mille francs convertis, un jour, en quatre vingt mille ? A Dieu ne plaise ! car, tant de raisons solides me disent de croire à l'avance à la possibilité de ce miracle financier, que je me trouve heureux de n'avoir à vous proposer qu'un vote de cinquante mille francs ; parce que je compte sur l'arrivée certaine et providentielle des trente mille autres, nécessaires pour former le chiffre désiré de quatre vingt mille.

En effet, Messieurs, je sais que l'Etat, toujours favorablement disposé en faveur des églises, ouvre son Trésor à toutes les demandes qui lui arrivent à ce sujet ; mais que les demandes se multipliant sans cesse, de nos jours surtout, où de nouvelles églises s'élèvent de toute part sur les ruines des anciennes, il se voit obligé, malgré ses bonnes intentions, de ne venir en aide aux communes que dans une certaine mesure, je le sais. Mais, je sais aussi que l'Etat a plus d'une bénédiction et que, lorsqu'une commune a le bonheur d'être recommandée par un puissant protecteur, ce n'est pas la maigre bénédiction d'Esaü, mais la bénédiction riche et féconde de Jacob, qu'il lui accorde.

Eh bien ! Messieurs, quel protecteur ici pour Homblières, que Monsieur Boittelle ! Quoique séparé du pays, dont il était autrefois la gloire et la joie, son cœur a-t-il cessé d'être avec lui et pour lui? Tant de preuves touchantes viennent dire le contraire! Dire que, semblable à Joseph, il n'a quitté ses frères d'Hombtières que pour aller être, en Egypte, leur avocat et leur soutien auprès du Trône même! Quoi! et Monsieur Boittelle, si bon pour Homblières en toutes circonstances, voire même celles propres à l'affliger, cesserait de l'être, dans une circonstance surtout comme celle de la construction d'une église, si propre à réjouir son cœur? Ah! tout me dit que sa bonté si connue éclaterait ici surtout et que sa puissante protection obtiendrait du Gouvernement, dont il a si bien mérité, que les dix mille francs de subvention, par exemple, se multipliassent en quinze mille.

Maintenant, Messieurs, qui me défendrait d'ajouter au secours certain de l'Etat celui, non moins certain, d'une loterie que tout doit favoriser? Je ne parle pas ici, comme quelqu'un, d'une loterie gigantesque de quatre cent mille francs, destiné à faire d'Homblières une seconde capitale de France : Prise au sérieux, cette loterie, elle serait une belle folie; inventée à plaisir, elle serait une injure faite à la gravité et au respect de la question qui nous occupe. Mais, je parle d'une loterie modeste, comme il convient à une campagne, et dont la modestie soit accueillie partout, en faveur de la cause solennelle qui la recommande à tous.

Supposons donc, Messieurs, une loterie de cinq mille francs seulement, recommandable par un certain nombre d'objets plus ou moins riches et distingués; recommandable par le cadeau de l'Empereur et de l'Impératrice, dont la pieuse libéralité ne fait jamais défaut, en pareilles circonstances surtout : témoins, l'expérience de tous les jours là-dessus et tant de bienfaits, qui chantent leurs louanges à cet égard d'un bout de la France à l'autre ! Recommandable par l'offrande de certains personnages haut placés, comme Monsieur et Madame Boittelle et autres ; recommandable, enfin, par tous les souvenirs touchants qui se rattacheraient à la cause elle-même et à la raison d'être de la loterie. Eh bien ! je vous le demande, cette loterie, petite et modeste en objets, mais grande en noms et bien plus grande en raisons ; humble dans ses prix, mais rehaussée par tant d'éclat et portant avec elle, pour ainsi dire, les livrées augustes de Leurs Majestés, réunies à celles bien autrement vénérables de sainte Hunégonde, cette loterie, dis-je, n'aurait-elle pas pour elle toutes les chances d'un plein succès, et ne vous donnerait-elle pas de moissonner aisément quinze mille francs de bénéfices là où vous n'auriez semé que cinq mille de dépenses?

En effet, Messieurs, pour arriver à ce beau résultat, vingt mille billets à un franc suffisent. Or, le pèlerinage et la bonne odeur de sainte Hunégonde, l'héroïne sacrée de la loterie même, ne vont-ils pas ouvrir la voie facile à leur placement? Oui! il me semble déjà voir tout Saint-Quentin sourire à leur arrivée, et tous les pays d'alentour leur faire le plus tendre accueil, par dévotion pour la sainte. Quoi! sainte Hunégonde, si connue, si populaire, et si aimée dans toute la belle et riche contrée du Vermandois, irait frapper à la porte de ses bien-aimés, et on ne lui ouvrirait pas, avec la porte, et le cœur et le trésor de famille, si modeste qu'il soit? Non donc, Messieurs, les patrons ne manqueront nulle part à cette belle œuvre: le clergé la favorisera; la ville comme la campagne la protégera; l'école comme le pensionnat la bénira; toute âme pieuse et puissante l'aidera dans sa marche, et la fera arriver à bon port. Je veux que Madame Boittelle, à elle seule; cette dame que vous avez l'honneur de connaître et dont vous avez admiré de près, au château d'Hombelières, la bonté, la douceur et l'affabilité; dame si pieuse, si grande, et si puissante aujourd'hui! place de sa main toute seule des milliers de billets dans la haute société de la capitale.

Que dirai-je, enfin, Messieurs, arrivés ainsi, sinon au but désiré, du moins à quelques pas seulement de lui, ne sera-t-il pas facile de l'atteindre, grâce à certaines ressources particulières: comme dons pieux, souscription volontaire, charrois en partie du moins gratuits, diminution sur le prix des briques, gracieusement promise par un des membres honorables qui siégent dans cette enceinte? Et si, d'ailleurs, nous restions, malgré toutes les bonnes intentions, un peu en arrière du chiffre appelé de tous nos vœux, que dis-je même, quand nous ne serions en présence que de celui de soixante-dix mille, que tout nous assure, ne serait-ce pas déjà un chiffre assez agréable pour le saluer du salut de la joie? Car soixante-dix mille francs, confiés au génie d'un architecte qui sait économiser à propos et faire quelque chose avec rien, ne doivent-ils pas nous donner de voir s'élever, tout à l'heure dans Homblières, une sorte de petite cathédrale, l'orgueil, la gloire, et la résurrection du pays?

IX.

AVANTAGES DE LA NOUVELLE ÉGLISE.

Je dis la résurrection du pays. Oui, Messieurs, je puis dire en quelque sorte d'une église, ce que le saint vieillard Siméon a dit de Jésus-Christ même : Elle est établie dans un pays, cette église, pour la ruine ou la résurrection de plusieurs en Israël. Une église informe, petite, humide, sans grâce, sans élévation, sans clocher, pour ainsi dire, et ne flattant en rien le regard de l'homme, répugne, éloigne, et ruine insensiblement la foi dans les cœurs : n'est-ce pas le triste sort de l'église actuelle d'Hombliéres? Mais, une église ornée de style, de grandeur, de salubrité, d'élévation, de grâce, et portant sur la tête la belle couronne d'un clocher s'élevant noblement dans les cieux ; une église de ce caractère plaît, attire et ressuscite la foi dans les chrétiens endormis souvent ou indifférents. Ne sera-ce pas le sort glorieux de la future église qui nous occupe en ce moment ? Aussi, me suffira-t-il de la voir de mes propres yeux, cette église si féconde en précieux résultats, pour être heureux de répéter après le juste Siméon : C'est maintenant, Seigneur, que vous pouvez appeler à vous votre serviteur ; parce que mes yeux ont vu la nouvelle église de sainte Hunégonde, d'où doit jaillir sur tout le pays, si cher à mon cœur, la lumière, la résurrection, et la vie !

Permettez-moi donc, Messieurs, de la bâtir à l'avance, cette église aimable, et de la dépeindre à vos regards réjouis, environnée du riant cortége de ses mille bienfaits pour le pays. La voyez-vous comme elle s'élève noble et gracieuse dans les airs ? Debout à ses pieds, le passant, l'étranger, le pieux visiteur se tient en extase, en contemplant ses formes grandioses et majestueuses, où tout est parfaitement assorti, pour faire s'écrier : A la bonne heure, cette fois ; voilà, à la vue toute seule, une église digne d'Homblières.

Oui, Messieurs, digne et très-digne de vous faire honneur devant Dieu et devant les hommes ; car, veuillez, je vous prie, je ne dirai plus descendre, mais monter les marches solennelles qui vous introduisent dans l'intérieur du monument sacré : Quel beau coup-d'œil ! N'est-ce pas à ravir ? Voyez, comme les colonnes, d'abord, s'élancent sveltes, légères, élégantes et altières ! et puis, comme en se prolongeant autour du chœur et du sanctuaire, elles forment bien la garde d'honneur et la couronne d'amour au Dieu-Sauveur qui s'immole sur l'autel! Adieu donc, ô colonnes anciennes! ô masses de briques pourries! ô difformités inouïes! celles, si belles et si aimables, qui vous remplacent, nous donnent bien le droit, certes! de vous le dire sans regret.

Adieu à vous, et salut d'allégresse à l'auguste sanctuaire, dont la majesté saisissante frappe mes regards en même temps que mon cœur. Ah! que ce n'est plus là ce petit réduit, creusé entre quatre murs et éclairé par une petite croisée de mansarde! Mon Dieu! pardon de l'expression, quoique celle de la vérité, et pardon surtout pour ma paroisse bien-aimée, de vous avoir laissé si longtemps dans un sanctuaire si peu digne du grand Dieu, qui réjouit les anges et les saints. Honneur donc à celui, si admirable, qui lui succède! Son élévation, sa grandeur, sa richesse et sa majesté vous dédommageront, ô mon Dieu! de tous les regrets de l'autre et annonceront assez haut à tous les regards des fidèles qu'ici repose, sur son trône de miséricorde, le Dieu créateur et rédempteur de tous les hommes.

Mais, Messieurs, n'admirez-vous pas ce chœur vaste et magnifique, où siégent deux rangées de stalles élégantes, disposées à vous recevoir les dimanches et fêtes, et où brille le banc d'honneur pour l'autorité et ses honorables conseillers, aux grandes solennités religieuses et civiles? Non, désormais, je n'aurai plus à gémir intérieurement sur la petitesse et l'obscurité d'un chœur obligé, malgré lui, de manquer au respect et aux convenances dues aux dignitaires de la commune. Mais, toutes les fois qu'une circonstance solennelle les appellera en corps à l'église, je serai heureux de leur dresser un trône digne de l'autorité, et par ce trône de dire à tous: Respectez l'autorité, comme moi-même je la respecte! Car, Messieurs, ne l'oublions pas: le mépris de l'autorité, dans un pays, c'est le signal de sa décadence morale et religieuse; mais le respect de l'autorité, si recommandé par Jésus-Christ, c'est la preuve certaine et visible de ses bonnes mœurs et de sa piété.

Honneur donc à qui l'honneur, Messieurs. C'est pourquoi j'ajouterai: Honneur aussi plus que jamais, dans la nouvelle église, au Conseil de fabrique, si honoré déjà dans la personne vénérable de son président. Ah! l'église voit en eux les tuteurs et les défenseurs zélés de sa gloire et de ses intérêts; elle les regarde comme d'autres chérubins, couvrant et protégeant de leurs ailes l'arche du Seigneur; aussi, voyez comme elle aime à leur préparer la place de distinction et de reconnaissance dans le banc d'œuvre établi vis-à-vis la chaire de vérité! L'hommage accordé dit assez haut le service rendu.

Mais vous, Messieurs, qui faites l'ornement et la gloire de nos cérémonies religieuses, qui animez de tant d'enthousiasme nos belles processions, qui couvrez Homblières d'une gloire immortelle, à la si belle fête surtout de sainte Hunégonde ; vous, enfin, image vivante et glorieuse, ou de la milice céleste entourant le Dieu des armées, ou de la musique angélique tenant en extase l'assemblée des immortels; ah! ne serait-il pas doux et agréable à mon cœur de vous faire aussi la place honorable dans une église assez grande pour la faire belle, même à tout le monde?

Oui! Messieurs, belle à tous les hommes, d'abord: Je n'aurai plus la douleur de les voir cachés derrière des piliers massifs et informes, dans une espèce de corridor de prison éclairé par des croisées analogues. Quelle pitié! quelle honte pour des hommes; et des hommes revêtus de la haute dignité de chrétiens! Mais, grâce à la nouvelle église de sainte Hunégonde, cette honte va disparaître ; et le chœur, par ses nombreuses stalles, et la nef, par ses sièges multipliés à souhait, accorderont à tous les hommes d'assister à la messe, assis à la lumière et en lieu noble et digne en même temps qu'agréable.

Belle à toutes les mères et filles de famille, car, ici, ce ne sont plus des bancs chargés du tort des années qui les recevront et les tiendront comme enchaînées à leur place étroite et mesurée; mais des chaises élégantes avec prie-Dieu et toutes de même figure, que la fabrique aura l'honneur de leur offrir. Beaucoup plus propres et décentes que des bancs même rajeunis, ces chaises procureront plus d'aisance et moins de gêne; et tout en favorisant la position des mères et de leurs filles, elles n'en serviront que mieux encore à l'ornement de l'église.

Belle à tous les enfants du pays. Ce sont les anges de la terre, qui devraient, tous les dimanches et fêtes, venir se réunir aux anges du ciel, autour de nos autels; hélas! et au lieu de les voir en adoration devant le Seigneur, les voilà qui passent l'heure solennelle du sacrifice à traîner leur oisiveté dans les rues et à ramasser, avec la boue qui souille leurs vêtements, celle bien plus triste des passions et des vices qui souille et dégrade leur innocence! Spectacle déplorable aux yeux du Ciel qui les regarde! et si les parents sont ici coupables, la petitesse de l'église n'a-t-elle pas sa part, bien qu'involontaire, dans la faute? Ah!

combien donc il m'est doux aujourd'hui de pouvoir leur donner la place jusqu'ici impossible, de les asseoir à l'ombre des autels, et, semblables à de jeunes arbustes plantés sur le bord du ruisseau limpide, de les voir s'orner de jour en jour des fleurs et des fruits de toutes les vertus, pour leur bonheur futur et pour la gloire de leurs familles et du pays !

Belle aux pauvres de Jésus-Christ. S'ils n'ont pas le denier nécessaire pour l'acquisition d'une place, est-il juste cependant que la place leur manque à l'église ? ce serait donc à dire que ceux qui ont le plus besoin de venir chercher la consolation et gagner la fortune du ciel au moins, aux pieds des autels, en seraient exclus faute de richesse, et auraient le double malheur de se voir les déshérités du ciel même et de la terre ? à Dieu ne plaise ! venez, venez donc vous tous, pauvres et infortunés de la paroisse, venez essuyer vos larmes aux pieds du Dieu de l'étable et de la crèche de Béthléem ! car, la place réservée pour vous et toute gratuite vous attend. Eh ! qui mieux que vous la mérite ?

Belle aux étrangers même. Non, pieux pèlerins ! désormais, vous ne verrez plus seulement la belle procession de sainte Hunégonde ; vous ne saluerez plus seulement la sainte sur son pas-

sage, et si désireux d'entrer à l'église pour vous
prosterner à ses pieds et lui adresser vos suppli-
cations, la sentinelle, debout à la porte de son
sanctuaire, ne vous dira plus : défense d'entrer !
Quoi ! vous viendriez, de si loin peut-être, honorer
notre orgueil et notre gloire, et nous vous laisse-
rions à la porte ? et nous refuserions l'hospitalité
à votre dévotion qui nous fait tant d'honneur ? et
nous serions assez cruels pour vous empêcher de
venir exposer aux pieds de la sainte vos infirmités
personnelles ou celles des vôtres et en solliciter
la guérison ? Ah ! trop longtemps, malgré nous,
la petitesse de l'église a exigé ce manque de poli-
tesse religieuse et de bienséances dues à la piété
des pèlerins. Le jour, enfin, est arrivé où toute
âme dévote à sainte Hunégonde trouvera place à
ses côtés. Venez donc de près, venez de
loin, tous vous aurez le droit d'entrée, la faveur
de l'audience et la grâce de la bénédiction maternelle. Ainsi l'a décidé la piété d'Homblières
pour son auguste patronne et sa compassion pour
toutes les infirmités qui viendraient se recommander à sa puissante protection. Comment ? en
lui bâtissant une demeure qui, non-seulement
offre un beau trône à la mère et une belle place
aux enfants, mais encore qui accueille gracieusement le pèlerin arrivant à elle sous le souffle

de la dévotion et la sueur sacrée de la pieuse fatigue !

Belle, enfin, pour tout le monde. Car l'église, dans un pays, c'est l'arche de Noé, destinée à sauver tout chrétien des eaux du déluge d'iniquités qui inondent aujourd'hui plus que jamais la terre d'exil et de pèlerinage ! C'est le camp d'Israël où toutes les tribus et familles chrétiennes voyageant dans le désert de ce monde, de l'Egypte à la terre promise, de l'exil à la patrie bienheureuse, doivent venir s'abriter, prier et s'armer des armes de la foi pour combattre l'armée terrible des Philistins, les ennemis du Seigneur et de l'innocence rangés sur leur passage. Arrivez donc tous à l'église, et pressez-vous tous autour de l'arche sainte et sous les ailes du chérubin ; le père avec l'enfant, la mère avec sa fille, le riche avec le pauvre, le savant avec l'ignorant. Car seriez-vous roi, empereur, génie, foudre de guerre, que sais-je ? le salut pour tous est à l'église et point ailleurs. Hors de l'arche, vous périssez tous dans l'abîme éternel ; hors du camp sacré, vous devenez tous la proie du Philistin, du dieu des enfers, et le ciel se ferme pour toujours sur votre tête. Quel trésor donc pour tous que la nouvelle église, qui présente la place belle à tous, et surtout la place glorieuse à sainte

Hunégonde, à saint Etienne et à la sainte Vierge, les patrons ou patronnes augustes et bien-aimés d'Homblières !

Je dis glorieuse à sainte Hunégonde. Trop long-temps, ô patronne aimable ! votre trône fut un pilier obscur ! notre cœur en pleurait, mais la pauvreté de l'église le commandait. Quelle joie donc pour vos enfants de pouvoir vous dire aujour-d'hui : descendez, ô bonne patronne ! du lieu obligé de l'humilité, et montez les degrés du lieu de la splendeur et de la gloire. Oui ! prenez enfin possession de la brillante chapelle qui vous attend. Là, désormais, sera votre sanctuaire aimable ; là, vos enfants viendront vous saluer et vous sou-rire ; là, les pieux pèlerins accourront vous im-plorer et vous prier ; et de là, sur tous, avec amour étendue, votre main bénira tous les soupirs et tous les vœux que la tristesse ou la joie à vos pieds apportera.

Je dis glorieuse à saint Etienne. Si, Messieurs, nous n'avons pas le bonheur de posséder ses reli-ques, comme celles de sainte Hunégonde, nous avons du moins celui de l'avoir pour patron ; patron choisi par nos pères, confirmé par l'église, accepté dans les cieux. Quelle belle couronne donc, sur la tête d'Homblières, que celle du pre-mier des martyrs ! c'est la couronne de la charité expirante sous une grêle de pierres et s'envolant dans les cieux avec cette prière magnanime sur les lèvres et plus encore dans le cœur : Pardonnez-leur, ô mon Dieu! car ils ne savent ce qu'ils font! Quoi! et la paroisse aurait dans saint Etienne un protecteur aussi puissant qu'aimable, un père tendre qui prie sans cesse le Père céleste d'envoyer à ses enfants ses plus chères bénédictions; et la paroisse ne dresserait pas enfin le trône de la reconnaissance à son immortel bienfaiteur? et saint Etienne resterait plus longtemps à Homblières sans l'autel et la chapelle de la piété filiale? O pays noble en sentiments! tu as compris ce manque de délicatesse religieuse: témoin ce beau sanctuaire bâti par ton amour en son honneur et paré comme une épouse qui va recevoir son époux!

Je dis enfin glorieuse surtout à la sainte Vierge. L'autel, il est vrai, ni la chapelle d'amour ne lui manquaient dans l'ancienne église de vos pères, et certains pays en auraient été fiers. Mais voilà que les sanctuaires de sainte Hunégonde et de saint Etienne l'effacent en éclat et en beauté! raison donc de faire la nouvelle chapelle de Marie bien autrement riche et majestueuse que l'ancienne; que dis-je! bien autrement éclatante que celles déjà si belles de nos patrons si chéris!

Car, Marie n'est-elle pas la mère de Dieu, la reine des anges et des hommes ; et comme telle la reine et la mère de sainte Hunégonde et de saint Etienne comme la nôtre à nous-mêmes ? Si donc nos glorieux patrons se trouvent heureux d'honorer dans le ciel la mère universelle du ciel même ; seraient-ils jaloux, sur la terre, de voir son trône plus majestueux que le leur ? Acceptez donc, ô Marie ! cette chapelle brillante entre toutes ; c'est le cadeau d'amour tout particulier de vos enfants d'Hombières ! En récompense, donnez-leur de vous aimer et de vous bénir sur la terre, afin de partager le bonheur de sainte Hunégonde et de saint Etienne, si heureux de vous voir et de vous contempler, après Dieu, dans le ciel !

Que dirai-je enfin, Messieurs ? Dans ce nouveau temple, votre œuvre et votre gloire, qu'avez-vous à regretter pour la satisfaction même de vos sens, avides du noble et du beau ? Quoi ? le style et le bon goût de l'architecture ? mais c'est celui, bien qu'en petit, des cathédrales et des basiliques les plus admirées ? Quoi ? la grandeur de l'édifice ? mais, après le pays largement placé, elle offre encore une place facile à la foule pieuse des visiteurs. L'élévation de la voûte ? ne l'admirez-vous pas, au contraire, et vos pensées par elles ne s'élèvent-elles pas spontanément dans les cieux ? La salubrité parfaite ? Ah ! trop longtemps la santé des fidèles fut victime autrefois de l'humidité ; ici, l'élévation du sol et du carrelage, l'air pur qu'on y respire, mettent à l'abri contre tout accident ou malaise. La lumière du soleil ? mais, de son lever à son coucher, cessera-t-il de répandre sur vous ses rayons bienfaisants ? Quoi encore ? la beauté du chant et des cantiques du Seigneur ? Ah ! prêtez l'oreille et jugez : n'est-il pas vrai que la voix est beaucoup plus sonore et plus harmonieuse ? l'orgue beaucoup plus doux et plus moelleux, tout en étant plus fort et plus retentissant ; grâce à la hauteur et à la vaste enceinte du monument sacré, où la voix ne se brise plus, mais se promène à l'aise et va mourir et s'éteindre à la longue ? Que dirai-je enfin ? La pompe et la majesté des cérémonies ? Tout ne dit-il pas, au contraire, qu'elles vont paraître bien plus majestueuses et touchantes dans cette église où tout en favorisera l'éclat, en facilitera les démarches, en représentera le sens, en relèvera l'esprit, en agrandira la solennité ? Non, donc, ici plus de regrets et tout à souhait, au dedans comme au dehors. Levez les yeux : peut-on un plus beau couronnement à l'édifice religieux que ce clocher, aussi hardi qu'élégant, qui s'élève

dans les cieux et qui, en s'élevant, va faire
monter avec lui son carillon et le faire retentir
agréablement, non plus dans la vallée seulement,
mais sur la montagne et dans tous les pays
d'alentour ?

O temple saint ! ô joie du pays ! ô merveille
d'Homblières ! en te contemplant, tes heureux
héritiers n'auront pas à pleurer de regret, comme
autrefois les enfants d'Israël, en regardant le
leur. De retour, en effet, de la longue captivité
de Babylone et ne voyant plus, à la place du
temple si majestueux de Salomon, qu'un temple
bien inférieur au premier, les bras et le cœur leur
tombent de tristesse, et, les yeux mouillés de
larmes amères, ils redemandent à grands cris,
mais en vain, leur ancienne gloire ! Pour toi,
cher pays d'Homblières ! plus heureux qu'Israël,
tu n'en auras ni les regrets ni les larmes. Tu
pourras t'asseoir sur les ruines de ton ancien
temple, non pour pleurer, mais pour te réjouir,
en t'écriant : quelle différence ! voilà la gloire à
la place de l'ignominie, la grandeur à la place de
la petitesse, l'élévation à la place de la bassesse,
l'éclat et la splendeur à la place de l'obscurité ;
que sais-je enfin ! voilà la majesté à la place de la
nullité ! O ciel ! quel changement ! quelle méta-
morphose ! quel miracle ! Pleurons donc, oui,

mais d'extase et de joie! car ici, n'est-ce pas un autre temple de Salomon pour nous? peut-on se lasser de l'admirer, de l'exalter, de l'embrasser? O pères! ô mères! ô frères défunts! Ah! que ne vous est-il donné de revenir parmi nous, de voir la beauté du spectacle et de partager notre joie!, Quel beau jour que celui qui éclaire l'arrivée d'un si riche trésor parmi nous, et qu'ils sont beaux les pieds de ceux qui nous l'ont amené! Salut donc, ô temple! notre amour, notre joie, notre orgueil et notre résurrection! Notre résurrection, oui! car, désormais, qui n'aimera à voler vers toi et sur toi ravi, à s'écrier avec l'enthousiasme du saint roi David: un seul jour, ô mon Dieu! passé dans votre nouveau temple d'Homblières, vaut mieux pour moi que mille passés dans les palais des rois!

X.

PLACES RIVALES DE LA NOUVELLE ÉGLISE.

Maintenant, Messieurs, que la jeune église de sainte Hunégonde, source de mille bénédictions pour le pays, est bâtie, en image du moins, reste à savoir où vous la placerez, vivante et réelle. Car, deux places la réclament et se disputent l'honneur de la posséder. La première, vous la connaissez : c'est la place où siége l'ancienne église encore debout. La seconde, vous n'êtes pas à l'ignorer, sans doute, à l'heure qu'il est. Depuis longtemps la voix publique l'a signalée comme digne d'entrer en concurrence : c'est le vaste et beau terrain de Monsieur Bidaux, renfermant la maison habitée par Monsieur Poitevin, maréchal.

Or, Messieurs, je sais que les esprits, dans la commune, sont divisés à cet égard : les uns se portent vers l'ancienne place, les autres vers la nouvelle. De là, deux camps prêts à se déclarer la guerre : guerre d'ailleurs trop pacifique pour aller jusqu'à l'effusion du sang. Toutefois, la matière me paraît trop sérieuse pour sauter légèrement par dessus et ne pas la prendre en considération. Essayer donc de fondre les deux camps en un et de réunir sur le même terrain les esprits divisés de sentiments, serait, selon moi, très-sage et très-prudent ; car le placement comme la bâtisse d'une église, affaire si sérieuse, doit émaner de l'assentiment général pour la glorification du présent et l'édification de l'avenir. N'est-ce pas, d'ailleurs, ce que demande le caractère sacré de l'édifice et la bonne harmonie de la paroisse ? et n'est-il pas honorable pour le pays que la postérité dise de son église : c'est la piété unanime de la main qui l'a bâtie, et c'est le choix unanime du cœur qui l'a placée sur le trône où nous l'admirons ?

Désireux donc, Messieurs, de vous aider à obtenir sur cette question si grave l'assentiment général et à faire dire à tout le monde : voilà la belle et unique place de l'église ! permettez-moi de vous observer qu'il faudrait pour cela faire le sacrifice de ses goûts et de ses intérêts personnels et s'incliner généreusement devant l'intérêt général, devant la plus grande gloire du monument et du pays. Or, comment connaître le bien qui apportera la plus grande part de gloire à l'église et à la paroisse? Par un moyen tout simple : la comparaison entre les deux places qui se disputent l'honneur de la victoire et les avantages, plus grands d'un côté que de l'autre, qui feront dire avec connaissance de cause alors : Nous optons pour ce lieu plutôt que pour l'autre, et la victoire appartient à cette place plutôt qu'à l'autre.

Eh bien! Messieurs, cette comparaison délicate je vais l'essayer pour éclairer la cause et la sortir du nuage ; à vous ensuite de trancher la question et de porter le jugement.

Quelle est donc la première place fière et jalouse de posséder la jeune église? la place elle-même de l'ancienne. Or, Messieurs, contester à cette place la justice de sa réclamation serait lui contester des titres aussi clairs que le soleil, des titres appuyés sur la plus grande authenticité.

Premièrement, le titre de l'ancienneté. L'E-vangile, sans doute, apporté dans ces pays, sinon par les apôtres en personne, du moins par saint Quentin, le glorieux apôtre du Vermandois, ne tarda pas à voir bâtir un temple en l'honneur du Dieu-Sauveur, et ce premier sanctuaire s'érigea sur la place actuelle ; toutes les probabilités du moins sont en sa faveur. A moins de supposer que les ravages des guerres, si fréquentes alors, ou mieux encore que l'abbaye de sainte Hunégonde, plantée à dessein dans le silence de la solitude et de la vallée ne l'ait fait descendre de la montagne pour l'abriter sous ses ailes et faire chœur ensemble dans le chant des louanges du Seigneur.

Quoi qu'il en soit là-dessus, si l'obscurité de l'histoire me défend d'attribuer à la place actuelle de l'église la date reculée de l'antiquité, elle me permet du moins de lui accorder le privilége de l'ancienneté. Or, comme ancienne, n'a-t-elle pas le droit acquis de nous tenir ce langage : quoi ! en possession depuis si longtemps de l'église, vous voudriez m'en dépouiller ? vos pères m'ont choisie de préférence, et vous vous inscririez contre leur choix. Les siècles m'ont établie l'héritière légitime et vous oseriez mettre ma gloire et ma couronne sur la tête d'une parvenue ? Que sais-je, enfin ? et non contents d'être injustes à mon égard, vous seriez encore durs et ingrats à vos parents défunts dont je suis la gardienne sacrée ? second titre à votre respect comme à votre reconnaissance.

En effet, Messieurs, si des raisons de salubrité obligent parfois les communes à séparer leur cimetière de l'église, on ne peut nier cependant tous les regrets de haute considération qui se rat-

tachent à cette séparation obligée. Car, quelle est
la mission de l'église placée au seuil des cime_
tières? n'est-ce pas de continuer à ses enfants
morts l'intérêt et l'affection qu'elle leur portait
vivants? n'est-ce pas d'embrasser jusqu'à leurs
ossements chéris, de les couvrir et réchauffer
sous ses ailes maternelles? n'est-ce pas, enfin,
d'entretenir et de faciliter entre les vivants et les
morts les douces relations de foi, de tendresse et
de piété filiale? de recommander les parents
défunts aux prières des enfants? de les inviter à
venir déposer sur la tombe des leurs la larme du
regret et de la reconnaissance? tribut si agréable
aux uns et si facile aux autres; grâce à l'union de
l'église et du cimetière! et puis, s'écrie la place
dépositaire de l'église elle-même, quoi! c'est à
moi et à moi seule que vous devez la facilité de ce
doux commerce entre la cité des vivants et celle
des morts, et vous me paierez ainsi d'ingratitude?
Quoi! je ferai la sentinelle d'amour et la garde
d'honneur autour des vôtres; je les placerai ten-
drement à l'ombre du sanctuaire: je leur ferai
prendre part aux prières du grand sacrifice ; je les
arroserai du sang de l'agneau divin ; que sais-je
enfin! J'étendrai les ailes du chérubin et du séra-
phin de l'autel jusque sur leurs tombes afin qu'ils
dorment en paix honorable jusqu'au jour de la

résurrection bienheureuse! et vous, leurs enfants chéris, sur le passage desquels ils aiment encore à se réveiller et à tressaillir; quoi! vous consentiriez jamais à les priver de tant de consolations en me privant moi-même de celle si méritée de posséder l'église future? Ah! souvenez-vous que manquer de cœur ici à mon égard c'est en manquer à ce que vous avez de plus cher, et que l'avoir pour moi de bronze c'est l'avoir pour eux d'airain! Et non-seulement pour eux, mais encore pour sainte Hunégonde qu'on ravirait ainsi à sa chère abbaye! Troisième titre à votre préférence: le voisinage si précieux de l'antique demeure de votre auguste patronne.

En effet, Messieurs, si les reliques sacrées de sainte Hunégonde pouvaient ici prendre la parole, ne nous diraient-elles pas: de grâce! mes enfants, laissez-moi ici, c'est la place qui va le mieux à mon cœur. Je vous félicite de me voter une plus belle demeure, de dresser un plus beau trône à votre mère: votre zèle pour ma gloire me touche et vous honore. Mais veuillez le dresser à la place où je repose à cette heure, toute autre me serait moins riante et moins agréable. Ici, du moins, si je n'ai plus la consolation de voir mes restes précieux dans l'antique basilique de l'abbaye si chère à mon cœur, j'aurai celle de tressaillir à sa

porte ; au souvenir des mille beautés que le temps
a détruites et à la vue des mille autres attachées
au sol et à la nature, que le temps est obligé de
respecter.

Mais, que dites-vous, ô sainte Hunégonde!
s'écrient à leur tour toutes les voix des lieux
enchanteurs de l'abbaye? quoi! vous demandez
à rester, sinon avec nous, du moins à côté de
nous! ah! c'est bien plutôt à nous à adresser cette
prière et à dire : ô vous, Messieurs, qui allez
juger de notre sort pour toujours en nous ôtant
ou nous laissant notre couronne et notre gloire :
que le ciel vous inspire et vous donne de nous
être favorables! favorables, en élevant à la gloire
de sainte Hunégonde un temple du moins que
nous puissions voir et contempler de notre place,
à la bonne heure ; mais favorables surtout en le
fixant sur notre voisinage comme de coutume et
faisant ainsi de votre bonheur et du nôtre une
seule et même cause. Car, quel malheur pour
nous de voir transporter le nouveau temple
ailleurs! avec lui partiront notre orgueil et notre
joie, et quelle séparation à celle-là comparable?
Mais vous, Messieurs, ne nuiriez-vous pas à la
gloire de sainte Hunégonde en séparant et éloignant
sa nouvelle demeure de l'antique qui donne à sa
mémoire tant de prestige et à son culte tant

d'éclat? Voyez, d'ailleurs, comme tout dans l'antique abbaye s'alarme à cette nouvelle! Ne semble-t-il pas que le vieux chêne, que le sapin séculaire, que la colline et la vallée en pleurs, tout descende à votre rencontre pour vous prier et vous dire : Non, de grâce, ne nous enlevez pas la sainte! c'est nous qui vous l'avons donnée; seriez-vous assez cruels pour nous l'ôter?

Après tant de prières, Messieurs, arrosées de tant de larmes pour laisser à l'ancienne place la nouvelle église de sainte Hunégonde! ne serais-je pas téméraire de reporter vos regards sur une autre, comme digne et capable de soutenir la comparaison? Toutefois, la justice et l'impartialité me font un devoir de plaider sa cause, qui est celle d'un grand parti dans la paroisse, et de mettre son poids et sa valeur dans la balance. Ainsi, du moins, vous sera-t-il donné de voir plus clairement de quel côté elle s'incline de préférence.

La place donc, Messieurs, qui se présente comme rivale de la première c'est, je le répète, le vaste et beau terrain de Monsieur Bidaux. Or, je sais qu'il est à la commune si vous le voulez. Pour quel prix? je l'ignore; mais la fortune de l'honorable propriétaire, ses sentiments nobles et relevés, son alliance avec une des principales familles d'Homblières, que sais-je enfin ? la haute et majestueuse raison qui demande le terrain, tout me dit que s'il ne vous arrive pas sous le cachet du don de la piété, il vous arrivera, du moins, marqué du sceau du désintéressement et de la générosité. L'avenir, au besoin, vous prouvera, je l'espère, que je ne me berce pas ici de belles et chimériques illusions.

Or, Messieurs, serait-ce exagéré de dire que cette place, aujourd'hui si solitaire et si humble, réunit toutes les qualités voulues pour attirer sur son sol l'église si désirée? exagéré même d'avancer que nulle autre ne servira peut-être aussi bien les intérêts de la gloire de Dieu, de la paroisse et de sainte Hunégonde elle-même, si intéressée dans la question?

Je dis, premièrement, la gloire de Dieu. Sans doute, Messieurs, tous les lieux sont agréables à Dieu, dès lors qu'il y voit son sanctuaire bien-aimé. Que la vallée donc ou la colline, que le roc escarpé ou la plaine uniforme et monotone montre à ses regards cet objet sacré, il le bénit et lui sourit avec amour, car, ses délices sont d'habiter avec les hommes, partout où l'homme habite. Mais, cependant, sa maison de prédilection n'est-ce pas celle bâtie sur la montagne? Jésus-Christ, du moins, semble nous l'indiquer par son exemple.

Où va-t-il de préférence, au sortir de ses prédications évangéliques, adorer et prier son Père céleste? sur la montagne. Où son cœur lui dit-il d'aller reposer ses saintes fatigues, dans la conversation et la société de ses anges? toujours sur la montagne. La montagne est comme le rendez-vous du Père et du Fils bien-aimé, et c'est là que les anges sont toujours prêts à le servir. Aussi, où le Seigneur dit-il au roi David de transporter l'arche sainte? sur le mont Sion; au grand Salomon de lui bâtir son premier temple, une des merveilles de l'univers? sur la montagne de Jérusalem, comme pour nous dire: ô hommes! toutes les fois qu'il vous sera possible de choisir entre la montagne et la vallée pour me bâtir une demeure, optez pour la montagne. La montagne, en élevant mon temple, élève ma gloire, et plus elle l'approche du ciel, plus le ciel lui sourit.

Je dis, secondement, la gloire du pays. Certes! Messieurs, si la ville se fait un devoir de placer à la place d'honneur tous ses monuments publics, soit à raison de la gravité de leur destination, soit à raison des rayons de gloire que ces divers monuments, comme Hôtel-de-Ville, Palais-de-Justice, Lycée impérial, doivent projeter sur la face de la ville tout entière, aux yeux admirateurs du citoyen et de l'étranger; que ne doit pas faire

la campagne à l'égard de son église? la campagne,
à laquelle la modestie des destinées ne permet
pas de rivaliser avec les villes; mais à laquelle,
du moins, il est permis de se dédommager de
l'absence des monuments superbes par la présence
dans son enceinte du monument par excellence et
seul vraiment digne de ce nom : le monument
d'un temple à la gloire du Très-Haut? ah! donc,
ici, l'orgueil est un devoir pour le pays, et plus
il se montrera grand dans le choix de la place,
et plus le Seigneur le bénira et plus l'étranger le
félicitera, et plus la gloire du pays même en
profitera.

Or, Messieurs, demandez à tout le monde,
demandez au ciel et à la terre, demandez à tous
les amis vrais et sincères de la gloire du pays,
laquelle des deux places rivales apportera le plus
de majesté au temple et le plus d'honneur à Homblières? et tout vous répondra : incontestable-
ment, la nouvelle place! car l'ancienne, située
dans la vallée, rabaissera toujours le niveau de
votre gloire en rabaissant celui de l'église, et
quoique vous fassiez pour la rendre grande et
majestueuse, la vallée la rappetissera toujours et
avec elle votre nom, votre mérite et votre honneur. Ce sera, malgré tout, un riche trésor; il
est vrai, mais un trésor enfoui, caché dans

les ténèbres et inutile à la gloire extérieure du pays.

Mais, Messieurs, sur la montagne, ah! quelle place sous tous les rapports favorable! quel lustre, quel relief elle va donner au temple! comme elle va le prendre dans ses bras, pour ainsi dire, l'élever, l'exhausser et le montrer à tous les regards, en chantant vos louanges! En si beau lieu, sur un si beau trône, n'est-ce pas comme une reine qui paraît ornée de grâce et de majesté, et qui fait s'écrier à tout son peuple : vive la reine! car, qu'elle est belle et qu'elle est aimable! Là, tout le monde la voit, l'accueille et proclame heureux ses enfants! Là, le soleil la salue sur son passage ; la ville bien-aimée de Saint-Quentin l'admire à sa porte ; le voyageur la contemple sur la route ; le pèlerin extasié la vénère de loin ; tous les pays d'alentour s'inclinent à sa vue ; que dirai-je? Là, sur cette autre montagne de Sion, le clocher porte sa tête dans les nuages et son carillon dans les cieux et tout s'écrie : honneur et gloire à Hombliéres! autant sa petite et obscure église dans la vallée abaissait sa réputation, autant son temple plus que majestueux sur la montagne la relève et la couronne de bonne odeur devant Dieu et devant les hommes!

Je dis, enfin, la gloire de sainte Hunégonde.

N'est-il pas temps, à l'heure qu'il est, Messieurs, d'essuyer les larmes de la sainte si chère à notre cœur, en la tirant du lieu de tristesse et de deuil pour la porter en triomphe à la place de l'allégresse et de la joie ? Quoi ! oublierions-nous que sa place désormais est au ciel, dans la patrie, et non plus en exil dans la vallée des larmes ? Vallée de larmes ! hélas ! n'est-ce pas le triste nom tout seul qui convienne à sa demeure d'aujourd'hui ? car, de là, que voit-elle tout à l'entour ? des lieux, sans doute, enchanteurs pour elle autrefois ! une famille honorable et digne d'être honorée et aimée pour sa bonté, sa bienveillance, son affabilité, sa douceur et sa charité, que sais-je ? pour toutes les vertus aimables dont sainte Hunégonde a été un si parfait modèle et dont cette pieuse famille est une si parfaite image ? mais après, que se présente-t-il devant-elle ? tout propre à mouiller ses yeux de larmes amères. Non-seulement elle ne voit plus les descendantes de la sainte famille dont elle fut la mère et l'abbesse, mais elle aperçoit partout les traces du malheur des temps ; la main révolutionnaire de l'impiété qui détruit tout, ravage tout, qui chasse les pieux religieux de l'abbaye, qui renverse l'antique et si vénérable basilique et qui pousse la fureur jusqu'à vouloir jeter au vent ses reliques sacrées, l'amour et l'idole des siècles les plus reculés! Toutes scènes d'horreur pour ses yeux, de tristesse pour sa mémoire, d'amertume pour son cœur. Aussi, sainte Hunégonde, placée en face de tant de tristes souvenirs, me semble-t-elle continuer en secret les douloureuses lamentations du pieux prophète Jérémie, assis et pleurant sur les ruines du temple de Salomon. Oui! comme lui autrefois, elle pleure là et gémit sans cesse sur les ruines qui lui sont chères à tant de titres! et si la vallée fut pour elle autrefois une terre de délices, où coulaient le lait et le miel, hélas! n'est-elle pas aujourd'hui un lieu qui dévore toutes ses joies et où coule pour elle un torrent de larmes, de fiel et de vinaigre?

Montez donc, ô patronne auguste! montez sur la montagne sainte et régnez dans la joie. L'hiver de la vie mortelle est passé pour vous, et le printemps éternel vous appartient; sortez donc de la vallée de larmes et que non-seulement le Ciel mais encore vos enfants d'Homblières vous couronnent, sur la colline, de gloire, d'allégresse et d'amour! Et pourquoi resteriez-vous plus longtemps dans la vallée? La vallée? ah! c'était pour vous l'arène du combat chrétien, l'école de la sainteté, le théâtre de la mortification religieuse, le tombeau de votre dépouille mortelle, à la bonne heure! Mais, l'heure de votre première résurrection n'est-elle pas venue sonner sur votre tombe? et Dieu même ne vous a-t-il pas dit par la voix du miracle: sortez dehors? Quoi! et vous ne seriez sortie du milieu des morts de la vallée que pour vivre triste, obscure et cachée dans les ombres de la vallée elle-même? Non, non! l'heure de votre résurrection première c'est l'heure de votre première transfiguration! O mon Dieu! vous qui avez reçu l'âme de sainte Hunégonde dans la société des bienheureux et qui l'avez couronnée, sur les collines éternelles, de la belle couronne de l'immortalité, je vous le demande: n'est-il pas juste que nous qui avons le bonheur inappréciable de posséder ses restes chers et bénis du Ciel même, nous les couronnions, sur la colline de la terre, du plus grand éclat et de la plus grande gloire possible? Quittez donc la vallée, ô patronne chérie! et vous aussi montez sur le Thabor et faites s'écrier à tous vos enfants, ravis là devant votre beauté toute nouvelle, comme autrefois Pierre devant la face toute radieuse de Jésus-Christ: Ah! qu'il fait bon ici aux côtés d'une mère, aujourd'hui surtout, et si belle et si aimable!

Mais que dis-je, Messieurs? à m'entendre ne semblerait-il pas que je voulusse opter pour la montagne plutôt que pour la vallée? Mais non, je ne fais ici qu'imiter l'avocat qui plaide deux causes opposées, quoique tout cœur et tout âme pour l'une et pour l'autre, la dernière défendue paraît toujours la préférée. Mais les titres touchants de la première, présents encore à votre esprit, vous disent assez là-dessus ma franchise et mon impartialité pour m'accorder le droit de vous demander maintenant :

Eh bien ! Messieurs, à votre avis, tout n'est-il pas gloire et avantage sur la montagne, sans les certains inconvénients de la vallée ? Là, sur cette vaste pelouse, vous pourrez isoler l'église du tumulte, la doter d'une belle place en avant, l'environner de grandes et superbes allées, l'embellir d'arbres d'agrément ou d'utilité, et faire de votre monument sacré la merveille d'Homblières !

A la bonne heure ! direz-vous ; mais c'est le prix qui effraie. Le prix ! vous l'ignorez encore ; mais qui dit qu'au lieu de vous effrayer il ne viendra pas vous réjouir ? Eh bien ! laissons-lui sa frayeur apparente : est-ce que la place ne saura pas vous dédommager à souhait ? Ainsi, elle agrandira votre cimetière avec le terrain vacant de l'ancienne église, elle fera sortir les briques de ses propres entrailles, elles vous les donnera comme telles à beaucoup meilleur marché ; elle vous évitera des charrois dispendieux, non-seu lement elle exhaussera mieux votre temple et votre gloire aux yeux de tous, mais elle vous placera mieux à la lumière, à l'air pur et à la salubrité, et surtout elle fera mieux retentir à l'oreille de toutes les familles du pays le son des cloches et l'harmonie du carillon, à peine sensible dans la profondeur de la vallée.

Mais, répondrez-vous peut-être : le trajet des différentes rues à l'église sera plus long ici que là. Plus long pour les familles abritées sous le clocher de l'église actuelle, je l'accorde ; plus long pour Terre-Neuve, le point le plus reculé du pays, j'en conviens encore, quoique le sentier accoutumé et praticable, l'hiver même, lui permette d'abréger le pieux voyage vers la maison du Seigneur et d'égaliser ainsi les distances vers les lieux en question. Mais, je vous prie, est-ce deux ou trois minutes de plus qui doivent peser ici dans la balance ? et, je le répète, ces petites et mesquines raisons d'intérêt particulier ne doivent-elles pas s'incliner raisonnablement et sans mot dire devant le haut intérêt général qui trouve son point central de réunion sur la montagne et toutes les circonstances parfaitement assorties pour son plus grand bonheur religieux ?

De bonne foi, répliquerez-vous peut-être, Messieurs, on ne peut résister à ce langage qui est celui de la vérité et de l'honneur du pays ; mais, combien le cimetière, si triste par lui-même, va s'attrister bien plus encore, n'ayant plus à ses côtés ni l'église ni sainte Hunégonde pour égayer et consoler les restes chers et précieux confiés à sa garde !

Je vous félicite, Messieurs, de la tendre et pieuse délicatesse de sentiments qui préside à cette objection ; mais je porte trop d'intérêt au cimetière où les vôtres, qui sont les miens, dorment dans le Seigneur et où peut-être tout à l'heure le pasteur suivra ses ouailles bien-aimées pour laisser un lieu si plein de regrets et de larmes sans l'ange consolateur. Or, quel sera cet ange ? La sainte écriture vous répondra d'abord : l'ange gardien qui veille sur la tombe de l'élu en attendant la résurrection ! et moi j'ajouterai : sainte Hunégonde, laquelle, en régnant glorieuse et puissante sur la montagne et du haut de son trône émaillé de diamants et de pierres précieuses, la nouvelle châsse ! voudra bien se multiplier dans la vallée et régner sur les morts, assise sur son trône antique et fière de sa poussière sacrée, l'ancienne châsse ! confiée au sanctuaire même de l'église actuelle, qui lui servirait alors de chapelle. Chapelle vénérée et couronnée de son nom d'amour, d'où elle étendra sa main maternelle pour essuyer et consoler la larme brûlante de l'enfant sur la tombe des siens et la larme froide et glacée et d'autant plus éloquente et sensible renvoyée de la tombe reconnaissante au cœur de l'enfant.

Maintenant, Messieurs, que la lumière de la discussion impartiale en faveur de l'une et l'autre place a dû faire jour dans vos esprits, si la délicatesse et la gravité de la question vous défendait de la trancher par vous-mêmes, quoique ayant l'autorité de le faire, je ne pourrais qu'applaudir à une réserve si modeste mais si sage et si prudente tout à la fois !

Car, Messieurs, changer une église de sa place séculaire et surtout d'une place où se rattachent tous les souvenirs de l'abbaye de sainte Hunégonde, patronne si chère à la paroisse, doit être considéré comme un cas très-grave et très-sérieux. Or, vos lumières, votre tact et votre jugement, tout grands qu'ils soient, suffiraient-ils pour laisser ou déplacer un tel monument, au gré et à la satisfaction générale du pays et des siècles futurs ? votre modestie me répond qu'elle aurait besoin pour cela de s'inspirer des conseils des hommes sages et compétents dans ces sortes de questions, toujours soumises à la critique comme à la louange de la postérité la plus reculée ; et pourquoi n'ajouterai-je pas : besoin de s'éclairer et de se fortifier de l'assentiment général du pays? Car, on l'a dit il y a longtemps: la voix du peuple, c'est la voix de Dieu! Or, si cette parole quasi proverbiale mérite d'être consacrée, c'est bien, certes, dans le cas solennel dont il s'agit ici surtout, cas où le peuple, prenant conseil de son cœur, de sa religion et de son amour pour le Dieu de ses pères, s'écrie d'une voix unanime : c'est là et là tout seul la bonne place! C'est assez vous dire que, selon moi du moins, il serait prudent d'appeler tout le pays au vote de la place. Tout le pays ouvrant sa bourse à sainte Hunégonde, n'est-il pas juste qu'il ouvre son avis au succès de sa plus grande gloire? Et d'ailleurs, Messieurs, pourquoi même vous le suggérer? quand le sens chez vous tous si pur, si droit et si sage vous dit à l'avance que cette conduite, belle de déférence à l'égard du peuple, vous méritera non-seulement ses louanges, mais celle de tous les siècles futurs.

Salut donc, ô nouvelle église de sainte Hunégonde, ô gloire d'Homblières, salut! Tout vous désire, tout vous réclame, tout vous appelle, tout vous tend les bras; arrivez donc pour le bonheur de tous! Déjà l'enfant tressaille à votre pensée, la vierge et le jeune homme vous préparent la couronne de fleurs, l'époux et l'épouse parés s'avancent à votre rencontre, le vieillard revêt l'habit de fête pour vous recevoir; que sais-je enfin! tout le pays se lève comme un seul homme pour vous souhaiter la bien-venue! quoi! et vous n'arriveriez pas enfin? et vous cacheriez encore votre visage à vos enfants? et vous tarderiez encore à venir leur donner le baiser maternel si désiré et à faire s'écrier à tous: quel bonheur, la voici!

O mes bien-aimés! répond l'église chérie, je voudrais bien être à vous, vous serrer contre mon cœur, vous donner et recevoir le baiser réciproque d'une éternelle amitié. Mais pour paraître au milieu de vous, nécessaire est une main puissante et gracieuse, avant tout, qui m'introduise et me fasse les honneurs de la réception.

Eh bien! Messieurs, cette main désirée par l'église si désirée de tous, c'est la vôtre, et la vôtre toute seule! N'est-ce pas elle qui tient le sceptre et le gouvernail, elle qui dirige les destinées du pays, elle qui veut et qui commande ? Veuillez donc, et la bien-aimée de tous paraîtra ; commandez, et elle sortira du néant et s'avancera vers vous, belle et gracieuse à son tour, pour vous sourire à vous premièrement et chanter vos louanges en naissant.

Quelle belle destinée donc est la vôtre, Messieurs ! c'est celle en partie du Dieu créateur qui dit : je veux que la lumière soit, et la lumière est ! Vous dites après lui : je veux qu'une nouvelle église brille à Homblières, et l'église, docile à vos ordres, se lève du néant et réjouit le pays !

Ah ! Messieurs, les générations, couchées et endormies dans la terre du repos, ne voudraient-elles pas pouvoir se réveiller de leur sommeil obligé, rompre les chaînes qui les attachent à leur sombre demeure et se lever de la tombe pour venir vous disputer cet honneur ? Que dis-je ! les générations même futures et portées encore dans le sein et les entrailles des siècles à venir, ne voudraient-elles pas hâter les années et éclore avant le temps fixé pour elles, afin de partager avec vous la gloire et le privilége d'une si belle destinée devant Dieu et devant les hommes ?

Mais non, Messieurs, cette gloire sans égale n'appartiendra qu'à vous seuls. Vous êtes la génération unique, préparée et suscitée de Dieu pour cette grande œuvre. Tel un génie, un foudre de guerre, un Napoléon arrive à l'heure fixe de la Providence, pour balayer la poussière des révolutions en France et semer à la place tous les chefs-d'œuvre qui honorent la religion et la société; convertissant ainsi, comme un autre Dieu, le mal en bien! tels vous arrivez, dans les desseins de la Providence et à l'époque précise et voulue du Ciel, pour faire aussi une grande et solennelle conversion à Homblières: la conversion de la poussière antique de l'église actuelle en un monument digne de Dieu, de sainte Hunégonde et du pays.

Quelle auguste mission donc, Messieurs, vous avez à remplir! n'en seriez-vous pas justement fiers et orgueilleux? laisseriez-vous aller un si bel héritage aux mains de ceux à qui il n'était pas destiné? Quoi! le Ciel vous appelle à cette grande œuvre; par elle vous vous couvrez d'une gloire immortelle, vous inscrivez vos noms dans les cieux, vous gravez votre mémoire dans le cœur du pays, vous signalez votre passage sur la terre, en faisant du bien et un bien immense qui retentira sur les lèvres et jusque dans les mœurs de la dernière postérité; et vous resteriez oisifs devant un si beau travail? et vous refuseriez de monter

sur un théâtre qui vous ferait jouer un si beau
rôle; qui vous donnerait en spectacle aux yeux
de Dieu et de ses anges, et qui vous mettrait sur
la tête la couronne d'action de grâces et des bénédictions universelles ?

Non certes, Messieurs, vous ne ferez pas défaut
à votre glorieuse mission, car votre mission c'est
la mienne. Hier, pour ainsi dire, j'habitais une
paroisse que le nom tout seul couronne de calme
et de sérénité. Laissez-moi vous dire, à son honneur, que je m'y trouvais heureux et que mon
âge, mes infirmités et mon cœur y avaient fixé
mon tombeau, comme au pays de prédilection.
Avais-je tort? quand, tout à coup et aussi rapi-
dement que l'éclair, arraché à son amour par une
disposition incompréhensible mais adorable de la
Providence, les larmes et les visites quotidiennes
de la paroisse sont venues vous dire tant de fois,
à Hombliéres, l'écho tout de sympathie que mon
cœur trouvait dans le cœur de Serain ! si d'ailleurs, Messieurs, je vous parle de ces regrets et
de ces larmes universelles que la modestie devrait
taire, Dieu m'est témoin que je n'en parle que
pour faire comprendre à tous que le Ciel ne m'a
envoyé au milieu de vous, qui faites aujourd'hui
ma couronne et ma joie, que pour une mission
extraordinaire et commune avec la vôtre : celle si

honorable de bâtir ensemble un temple glorieux au Seigneur.

A l'œuvre donc, Messieurs, et montrons-nous dignes de si hautes destinées ; n'est-ce pas celles d'autres Zorobabel, rebâtissant le temple de Jérusalem ? Courage donc et noble ardeur au travail ; car, c'est pour Dieu, pour sainte Hunégonde et pour la gloire immortelle du pays que vous allez travailler. Aussi, voyez comme tous, à cette heure, vous regardent pour vous animer, vous encourager et vous bénir ; vous bénir dans le ciel avec la voix de tous les anges et de tous les bienheureux qui chanteront vos louanges ; vous bénir sur la terre avec la voix de tous les siècles qui admireront votre œuvre et diront de vous avec la sainte Ecriture : louons, oui, louons la génération de ces hommes glorieux, nos pères dans la foi, qui ont bâti un si beau temple au Seigneur: *Laudemus viros gloriosos et parentes nos tros in generatione sua.*